高等职业教育数字艺术设计新形态一体化教材

SketchUp 2016中文版案例教程

SketchUp 2016
Zhongwenban Anli Jiaocheng

组 编 李 涛

主 编 周连兵 朱丽敏

副主编 王正万 李岩鹏 秦新华 薛志坚 陈 鹏

U0309801

高等教育出版社·北京

内容提要

本书是高等职业教育数字艺术设计新形态一体化教材。

本书全面讲解了SketchUp 2016的各项功能和使用方法。全书共9章，内容包括SketchUp 2016的基础知识、基本绘图工具、辅助建模工具、绘图管理工具、材质与贴图、模型管理等。最后通过室内设计、建筑设计和景观设计等综合实例实战演练前面所学知识。

为了学习者能够快速且有效地掌握核心知识和技能，也方便教师采用更有效的传统方式教学，或者更新颖的线上线下的翻转课堂教学模式，本书配有41个微课，将在智慧职教平台（www.icve.com.cn）上线，学习者可登录网站进行学习，也可通过扫描书中的二维码观看微课视频或进入"即测即评"，随扫随学。此外，本书还提供了其他数字化课程教学资源，包括电子课件（PPT）、素材文件、习题答案等，教师可发邮件至编辑邮箱1548103297@qq.com索取。

本书内容全面、实例丰富、结构严谨、深入浅出，可作为高职高专或应用型本科院校艺术设计类和计算机类专业相关课程的教材，也可作为相关培训机构的教学用书或平面设计爱好者的自学用书。

图书在版编目（CIP）数据

SketchUp 2016中文版案例教程 / 周连兵，朱丽敏主编；李涛组编. --北京：高等教育出版社，2019.4（2022.11 重印）
ISBN 978-7-04-050940-3

Ⅰ．①S… Ⅱ．①周… ②朱… ③李… Ⅲ．①建筑设计-计算机辅助设计-应用软件-高等职业教育-教材
Ⅳ．①TU201.4

中国版本图书馆CIP数据核字（2018）第257791号

| 策划编辑 | 刘子峰 | 责任编辑 | 刘子峰 | 封面设计 | 杨立新 |
| 责任校对 | 刁丽丽 | 责任印制 | 刘思涵 | | |

出版发行	高等教育出版社	咨询电话	400-810-0598
社　　址	北京市西城区德外大街4号	网　　址	http://www.hep.edu.cn
邮政编码	100120		http://www.hep.com.cn
印　　刷	佳兴达印刷（天津）有限公司	网上订购	http://www.hepmall.com.cn
			http://www.hepmall.com
			http://www.hepmall.cn
开　　本	889mm×1194mm　1/16	版　　次	2019年4月第1版
印　　张	15.75	印　　次	2022年11月第3次印刷
字　　数	430千字	定　　价	49.80元
购书热线	010 - 58581118		

智慧职教服务指南

基于"智慧职教"开发和应用的新形态一体化教材，素材丰富、资源立体，教师在备课中不断创造，学生在学习中享受过程，新旧媒体的融合生动演绎了教学内容，线上线下的平台支撑创新了教学方法，可完美打造优化教学流程、提高教学效果的"智慧课堂"。

"智慧职教"是由高等教育出版社建设和运营的职业教育数字教学资源共建共享平台和在线教学服务平台，包括职业教育数字化学习中心（www.icve.com.cn）、职教云（zjy.icve.com.cn）和云课堂（App）三个组件。其中：

· 职业教育数字化学习中心为学习者提供了包括"职业教育专业教学资源库"项目建设成果在内的大规模在线开放课程的展示学习。

· 职教云实现学习中心资源的共享，可构建适合学校和班级的小规模专属在线课程（SPOC）教学平台。

· 云课堂是对职教云的教学应用，可开展混合式教学，是以课堂互动性、参与感为重点贯穿课前、课中、课后的移动学习App工具。

"智慧课堂"具体实现路径如下：

1．基本教学资源的便捷获取

职业教育数字化学习中心为教师提供了丰富的数字化课程教学资源，包括与本书配套的电子课件（PPT）、微课、案例素材、习题答案等。未在www.icve.com.cn网站注册的用户，请先注册。用户登录后，在首页或"课程"频道搜索本书对应课程"SketchUp 2016中文版案例教程"，即可进入课程进行在线学习或资源下载。

2．个性化SPOC的重构

教师若想开通职教云SPOC空间，可将院校名称、姓名、院系、手机号码、课程信息、书号等发至1548103297@qq.com（邮件标题格式：课程名+学校+姓名+SPOC申请），审核通过后，即可开通专属云空间。教师可根据本校的教学需求，通过示范课程调用及个性化改造，快捷构建自己的SPOC，也可灵活调用资源库资源和自有资源新建课程。

3．云课堂App的移动应用

云课堂App无缝对接职教云，是"互联网+"时代的课堂互动教学工具，支持无线投屏、手势签到、随堂测验、课堂提问、讨论答疑、头脑风暴、电子白板、课业分享等，帮助激活课堂，教学相长。

系列教材序言——奔赴未来

一件好的作品，技术决定下限，审美决定上限。技法的训练如铁杵磨针，日久方见功力；美感的培养则需博观约取，厚积才能薄发。优秀的作品哪怕表面上只有寥寥几笔，背后却蕴含着创作者的眼界、经历和见地。而正是艺术，让人脱颖而出。

这是个充满机会的世界，作为艺术设计类学科的莘莘学子，用面向未来的知识武装自己的头脑，做一个有着丰沛热情且敢于实践的人，你将永远不缺少舞台。而我们这些先行者，只是将我们仅有的一些经验传授给读者，希望读者可以视野更远，站得更高。

在本套教材构思之初，通过高等教育出版社会集多位一线设计师和教师进行的历次研讨，我们发现在知识爆炸的时代，使学生每天面对那么多故作高深的专业词汇和不知缘由的操作指令绝非培养学习兴趣的有效方法。我们真正需要做的是建立适合自身的数字艺术知识体系，这不仅需要掌握操作方法，更需要知道如何合理地运用知识和技术。

所以，我们决定不做庞大而主次不分的百科全书式教材，同时也极力避免软件说明或案例罗列式的教学姿态。在技能梳理上我们秉承"少即多，多则惑"的理念，力求更加简洁、系统、复合，将传授"方法"作为本套教材的核心，最终"磨"出了这套教材。希望现在读者眼前的这套教材最终能够符合构思它的初衷和本心。

数字艺术相关知识涉猎广、范畴大，为了拓宽读者的知识面，我们建立了艺术类在线教育平台"高高手"（www.gogoup.com），会聚了相关领域的各路高手进行分享切磋。阿尔文·托夫勒曾说过：21世纪的文盲不是那些不会读写的人，而是那些不会学习、摒弃已学内容并不再学习的人。也许，我们都该摒弃浮躁，静下心来，脚踏实地地努力学习属于自己的新技能。做一个新时代的水手，奔赴所有尚未到达的码头。

系列教材主编　　李　涛

于北京

前言

关于SketchUp

SketchUp是一款三维建筑设计方案创作的优秀工具，也是直接面向设计方案创作过程的设计工具。它被喻为电子设计中的"铅笔"，被称作"草图大师"。用SketchUp建立三维模型，就像使用铅笔在图纸上作图一样，其建模流程非常简单，就是画线创造成面，然后推拉成型，这是建筑建模最常用的方法。使用SketchUp，设计者可以专注于设计本身，不必对如何使用软件而烦恼。

本书内容

本书从理论到实例都进行了较详尽的叙述，内容由浅入深，全面覆盖了SketchUp的基础知识、使用方法及其在相关行业中的应用技术。许多精彩案例融入了作者丰富的设计经验和教学心得，旨在帮助读者全方位了解行业规范、设计原则和表现手法，提高实战能力，以灵活应对不同的工作需求。整个学习流程联系紧密，环环相扣，一气呵成，让读者在轻松的学习过程中享受成功的乐趣。

全书分为9章。第1章介绍SketchUp的基本概念、SketchUp的运用领域以及进行建模的方法；第2章介绍如何通过SketchUp进行模型的控制；第3～6章通过精彩的案例介绍常见工具的使用；第7～9章以案例为载体，从室内、建筑、景观三个方面让读者掌握SketchUp的核心使用方法。使读者能够较全面地掌握各个空间领域的行业需求和专业技能，提升市场意识，并提高SketchUp的综合运用能力。

配套教学资源

本书提供立体化教学资源，包括教学课件（PPT）、高质量的教学视频、案例素材和源文件、拓展训练素材和源文件、课后练习答案等。教学微课以二维码形式在书中相应位置出现，随扫随学，以强化学习效果。希望这些配套资源能为广大师生在"教"与"学"之间铺垫出一条更加平坦的道路，力求使每一位读者通过本书的学习均可达到一定的职业技能水平。

本书由李涛组编，周连兵、朱丽敏任主编，王正万、李岩鹏、秦新华、薛志坚、陈鹏任副主编，参与编写的还有安小龙、袁野、张颖等。由于时间仓促，疏漏之处在所难免，恳请广大读者批评指正。

编　者
2019年2月

Chapter 1 SketchUp 2016快速体验

Chapter 2 模型的控制和编辑工具

Chapter **3** 图形和模型的创建

Chapter 4 SketchUp辅助建模工具

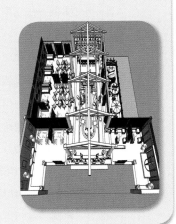

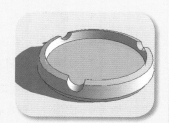

Chapter 5 SketchUp材质与贴图

Chapter 6 SketchUp模型管理

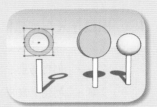

Chapter 7 室内设计实战
——北欧风格卫浴空间设计

Chapter 8 建筑设计实战
——别墅建筑制作

Chapter 9 景观设计实战
——小区景观规划图制作

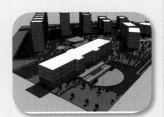

Chapter 1

SketchUp 2016快速体验

　　SketchUp是一款极受欢迎并且易学易用的3D设计软件。随着设计行业的重要性越来越突出，各种设计软件也层出不穷，而SketchUp以操作简便、模型易于创建和修改并能友好地支持现今主流的渲染和图像后期软件等诸多特点脱颖而出。通过SketchUp可以在前期帮助设计师实时、有效地推敲好设计方案。

	知识点 　　　　　　　　学习目标	了解	掌握	应用	重点知识
学习要求	SketchUp的发展史	⚑			
	SketchUp的特点	⚑			
	认识SketchUp的工作界面				⚑
	掌握SketchUp视图的控制		⚑		
	了解SketchUp设计的应用领域		⚑		
	掌握SketchUp显示效果的控制				⚑

1.1 SketchUp概述

SketchUp是目前市面上为数不多的直接面向设计过程的设计工具。它使得设计师可以直接在计算机上进行十分直观的构思，随着构思的不断清晰，细节不断增加，最终形成的模型可以直接在其他具备高级渲染能力的软件中进行渲染。这样，设计师可以最大限度地减少机械性的重复劳动和控制设计成果的准确性。

1.1.1 掌握合适设计工具的重要性 ▽

1. 工具对人类活动的重要性

会制作和使用工具是人类进化到高级阶段的重要标志。脱离工具的人类社会是不存在的。在社会的发展中，工具的内涵和外延都不断发生变化。特别是1946年计算机诞生以后，衍生了一大批工具，而且这些工具逐渐从实物向数字转化，从有形向无形转化，深刻影响了人类认识和改造世界的思维模式、方法与手段、深度与广度。在短短60多年的时间里，依靠以计算机技术为核心的工具变革，很多行业发生了翻天覆地的变化。与此同时，人们的思维方式和行为方式也深受生产工具变革的影响，使得以前无法想象的工作思维、工作流程和工作模式都出现了。在这个充满竞争的时代，如果不关注新技术，不学习使用新工具，无论是行业还是企业或是个人，都是注定要落伍，甚至被淘汰的，如图1-1所示。

图 1-1

2. 设计工具对设计师的影响

设计工具在很大程度上影响设计师的思维方式、设计内容和工作流程。每个行业都有自己相对特定的工具，工具表征了本行业的工作内容和工作特点。工具的改进和变化，往往会在业内引起革命性的影响，尽管这个过程有长有短。设计行业(本章的设计特指广义建筑学含义上的设计)是一个古老的行业。工具在很长的一段时间里没有质的变化，一直都是利用笔墨尺规作图。随着20世纪中后期计算机技术和图形设备的研发成熟，特别是各类设计软件的推出，逐渐形成了计算机辅助设计(Computer Aided Design，CAD)学科，笔墨尺规作图也慢慢被计算机作图所代替，到了20世纪90年代中后期，计算机作图在国内成为主流。时至今日，设计行业的思维方式、设计内容和工作流程都已深受计算机作图这种模式的影响，如设计周期大幅度缩短、造型复杂的建筑形体相继出现、各类建筑物理现象虚拟分析的成熟运用等。这些革命性的变化无疑表明了设计工具的变革给设计行业以及设计师带来的深刻影响，如图1-2和图1-3所示。

同时也应该看到，设计行业的核心宗旨是"设计"，无论是用笔墨尺规作图，还是用计算机出图，都是为"设计"服务的。严格来讲，在很长一段时间里，计算机辅助设计并没有起到"设计"的作用，更多的还是按照设计快速作图，设计本身还是利用传统的模式完成的。但是，传统的利用笔墨草图和人工草模进行设计，是有很大局限性的，在复杂形体、异形空间、构件细节、物理功能分析等方面都显得束手无策，难以应对设计行业越来越高的要求。基于这种情况，在21世纪最初几年，一些针对设计本身的软件纷纷研发出来了，给计算机辅助设计注入了名副其实的新鲜血液，使得用计算机进行"设计"成为可能。这些软件各有侧重，各有千秋。由于设计本身的客观规律和国内设计行业的工作模式，SketchUp在众多软件中脱颖而出，被认为是最有推广价值和发展前途的设计工具之一。

图 1-2

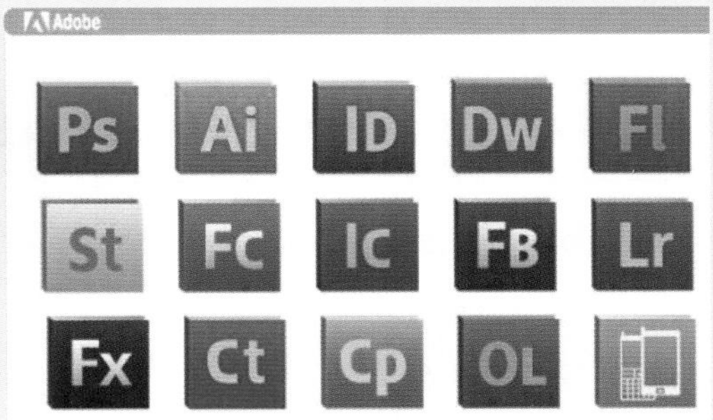

图 1-3

3．SketchUp辅助设计是国内设计行业的重要动向

SketchUp在推出的短短几年中，就被应用到设计行业的各个角落，利用其进行设计也逐渐成为国内设计行业的主流方向。在一些有成熟操作经验的公司已经形成了比较完整的系统，在设计推敲过程控制、表现出图等方面，SketchUp既提高了设计质量，又降低了设计成本。SketchUp影像不仅能很好地体现设计本身，而且有着独特的审美价值。直接利用SketchUp出图并与甲方交流沟通的做法，越来越受到甲方的认可甚至期待。在当今的国内设计市场，试图只用平、立、剖图，再加几幅渲染效果图，就能打动甲方的情况越来越少了。

对于城市规划、建筑设计、景观设计、室内设计专业的学生或者年轻设计师来说，SketchUp已经成为必备的技术工具。系统地掌握SketchUp，并熟练地运用到设计当中，无疑能给自己的职业前途和设计生涯增添一个重要的砝码，如图1-4和图1-5所示。

图 1-4

图 1-5

1.1.2 如何学习SketchUp ⊙

设计师应根据设计实际和任务要求，创造性地运用SketchUp的各项功能，不仅在技巧方面，而且在认知思路方面，不断更新、升级表现手法。例如，利用SketchUp快速建模的优点，制作三维的空间分析图；通过整体切换SketchUp材质，制作材质对比分析图；或者在不同的设计阶段，根据需要编制立面、空间、材质等专项内容的控制手册等。以上仅仅是抛砖引玉，各位设计师应该在实际工作中，转变思路，与时俱进，最大限度地挖掘各种合理、有效的设计表现方法。

1. 优秀的SketchUp模型应具备的特性

通过多年的实践，笔者认为，一个优秀的SketchUp模型（以建筑专业为例）应该体现出以下三个特性：建筑专业性、艺术审美性与软件技术性。无论模型处于哪个设计阶段，表现出如何的精细程度，都不能脱离这三个方面的评判标准。

（1）建筑专业性

建筑专业性是SketchUp模型的本质要求。建模的根本目的就是为了实现建筑设计。一个SketchUp模型最美好的前景，就是按照这个模型把现实的建筑建起来。为了达到这个目际，在平常的建模当中，就应该体现建筑专业性、体现建筑力学原理、体现空间使用原则、体现人体尺度经验、体现规范条例要求等。要清楚认识到，这不是一个雕塑，不是一个积木，也不是童话里的房子。也就是说，一定要运用你的专业知识来判断自己的建模是否可实现，如图1-6和图1-7所示。

图 1-6   图 1-7

（2）艺术审美性

在满足建筑专业性的前提下，SketchUp模型还应体现出艺术审美性。无论建筑流派如何五花八门，如何标新立异，最终都会归结到艺术方面，归结到审美上来。同时也应看到，不同的领域、不用的专业、不同的流派会有特定的审美规律。不能用古典建筑的审美经验来评判现代建筑，也不能把北欧建筑的审美经验套用到中亚建筑上，更不能把理查德·迈耶(Richard Meler)建筑作品的审美经验套用到斯蒂芬、霍尔(Steven Holl)建筑作品头上。然而，有一些审美原则是每个建筑流派都遵循的，如比例推敲、色彩搭配、材质选择等，尽管在具体的含义上各方理解有所不同，但并不妨碍在这些方向上追求SketchUp模型的艺术审美性。在平常的学习工作中，应努力提升自身的艺术素养和对建筑的审美能力：在进行建模设计的时候，应根据甲方要求、建筑类型和设计本身等因素，把艺术审美性和建筑专业性有机地统一起来，这是一个SkechUp模型（或者说一个设计）取得认可的重要原因，如图1-8和图1-9所示。

图 1-8   图 1-9

（3）软件技术性

建筑专业性和艺术审美性，都不是SketchUp模型本身的软件属性。每一款软件都有自己的逻辑构成特征、核心技术体系以及具体操作流程。只有熟练地掌握这些技能，才能运用软件完成目标任务。具体到SketchUp，只有好的建模技术，才能建造出好的SketchUp模型；反过来说，好的SketchUp模型应该体现出软件技术性。做好一个模型，有很多方式、方法，但通常我们鼓励用最合理、快捷的途径，这也是评判技术高低的标准。同时，由于SketchUp"工具—思考—设计"特点，设计师会对模型进行反复的修改，所以一个好的SketchUp模型应给后续的修改留下可靠的通道，如图1-10和图1-11所示。

图 1-10

图 1-11

2．初学者应如何学习 SketchUp，并利用SketchUp提高设计水平

（1）专注认真，多思考多动手

做任何事情，都需要有专注认真的精神，也就是俗话说的"在状态"。学习SketchUp，就要保持学习劲头上的"在状态"。很多初学者一开始劲头很足，因为SketchUp很容易上手，但在认识了推推拉拉这些简单的命令后就碰上瓶颈了，因为SketchUp命令少，好像没什么可以研究的。在这个时候，很多初学者的劲头就会松懈下来。其实，如果能突破这个瓶颈，就能进入学习SketchUp的新境界。在这个过程中，一定要多思考、多动手。思考就是要琢磨这个软件的特点，琢磨每个命令的要领，琢磨如何把这些命令组织起来；动手就是对照着教程实例来做，把自己所感兴趣的物体（包括杯子、手机、椅子或者喜欢的规划、建筑、景观项目等）用SketchUp建出来，然后把所学到的SketchUp建模知识勇敢地运用到设计过程当中。很多初学者喜欢看教程、看别人的模型，以为自己懂了，但真等到自己做就手忙脚乱了，就算真懂了，也不妨多动手练习，熟能生巧，如图1-12和图1-13所示。

图 1-12

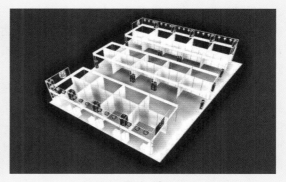
图 1-13

（2）夯实基础，切莫依赖插件

在软件中，基本命令就是基本功。任何一款软件都有它本身的逻辑构成特征，基本命令恰

恰就体现了这方面的内容。只有熟练掌探基本命令，才能深入了解这款软件的内涵，才能进一步地挖掘这款软件的功能，才能独创性地拓展这款软件的应用领域，更好地服务于人们的生活、生产。SketchUp的一个重要特点就是命令少、简单易学，容易上手操作。这是优点，但对很多初学者来说，这也是个缺点，甚至是个陷阱。有一些初学者使用SketchUp一段时间后，发现推推拉拉就可以完成一个形体建模，于是以为自己已经熟练掌握这个软件；还有一些初学者，发现制作模型只能推推拉拉，觉得不够过瘾，于是急于求成，到处搜罗这样那样的插件，以为使用插件就能大功告成。以上两种初学者都很难学好SketchUp这款有独特简约美的软件。从笔者个人的经历来看，初学者应该多用基本命令，把菜单栏、工具栏、"右键"快捷菜单的命令好好使用、琢磨一番。软件的奥妙之处就隐藏在这些看似简单的基本命令当中。软件操作过程实际上是一系列命令的连续组合使用过程，只有全盘熟悉单个基本命令之后，才能合理有效地组合若干简单命令，准确快速地完成复杂的形体任务。只有经过这样的锻炼，初学者才可能初步领略到SketchUp的魅力所在，才可能运用自如地驾驭它为我们的思考和设计服务。

当然，SketchUp的魅力同时也表现在它的开放性方面——拥有众多的强大插件，所以本书也介绍了若干，让初学者对插件有初步的了解，以备后用。但从循序渐进的道理来说，初学者应首先熟悉基本命令，练好基本功，这也为日后有效使用插件打下扎实的基础，如图1-14所示。

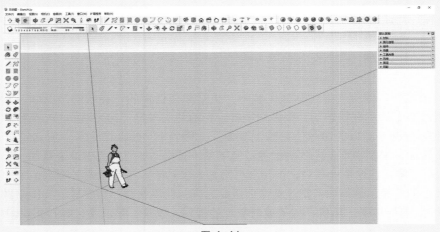

图 1-14

（3）活学软件，提高设计水平

如上所述，SketchUp是一款真正面向设计师的设计软件。脱离设计来学软件，只能学到软件的皮毛和一些命令技巧而已，并不能把这款优秀的软件融入设计思考和设计流程当中。所以在平常的工作中，要有意识地把软件学习和设计表达结合起来，互相促进。在学习SketchUp的时候，要把建筑专业性、艺术审美性和软件技术性有机地结合起来，努力提高自己利用SketchUp进行设计的水平和能力。

根据笔者的经验，在此推荐一个方法，就是用SketchUp临摹建筑。大概每个设计专业的老师都会教导学生要多临摹，临摹好作品确实可以让人在短时间内获取大量知识和信息，并逐渐形成自己的设计语言。但是传统的草图式临摹是有一定的局限性的，特别是随着SketchUp的出现，这种局限就显得更加明显了。所以，设计者要与时俱进，转变观念，开拓视野，升级思路，寻求并适应新的草图式临摹。

笔墨临摹是在画纸上的草图活动，临摹时可能会忽视很多问题。首先，比例、体量、材质的失真是很普遍的现象；其次，一些经验不足的人往往会忽略细节，而细节往往决定一个设计的品质；再有，一般一张草图只能表达建筑的一个角度，容易造成初学者的认知偏差，知其一而不知其二。而运用SketchUp临摹是立体的草图活动，且具有实时连续性，全新的开放式草图临摹界面让人大开眼界。事实上，这样的临摹更能锻炼设计师的整体把握能力、空间想象能力、构造拼接能力、细节处理能力等。

　　当然，笔者并不是否认笔墨临摹的重要性，而是希望笔墨临摹与SketchUp临摹两者相辅相成，如图1-15和图1-16所示。

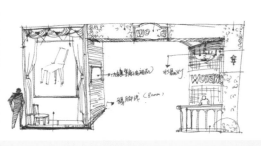

图 1-15

图 1-16

1.1.3　SketchUp的发展史

　　2000年，@Last Software公司首次发布3D绘图软件SketchUp。

　　Google于2006年3月14日宣布收购SketchUp及其开发公司@Last Software。本次收购是为了增强Google Earth的功能，让使用者可以利用SketchUp建造3D模型并放入Google Earth中，使得Google Earth所呈现的地图更具立体感，更接近真实世界，而使用者更可以透过一个名叫Google 3D Warehouse的网站寻找与分享各式各样利用SketchUp建造3D模型。

　　2008年末，Google发布了SketchUp 7.0。

　　2010年9月1日Google发布了SketchUp 8.0。

　　2012年4月26日，Google宣布已将其SketchUp 3D建模平台出售给Trimble Navigation，并在2013年与2014年分别推出了Trimble SketchUp 2014版本。收购SketchUp时，Trimble在其官网发布的海报如图1-17所示。

图 1-17

　　SketchUp是全球最受欢迎的3D建模软件之一，仅在2011年就构建了3000万个模型，并在Google经过多次更新后呈指数增长。不过，考虑Google目前涉足领域太多，从广告到社交网络一个不落，而Trimble则专注于一种用于定位、建筑、海上导航等设备的位置与定位技术，因此也许更适合SketchUp。但不可否认的是，Google确实将SketchUp的技术带给了许多人，比如木工艺术家、电影制作人、游戏开发商、工程师等。

　　Google SketchUp是目前为数不多的直接面向设计方案创作过程的设计工具。其创作过程不仅能够充分表达设计师的思想，而且能与客户进行即时交流，这与设计师手工绘制构思草图的过程很相似，它使得设计师可以直接在计算机上进行十分直观的构思，并不断增添细节，这样设计师可以最大限度地减少机械性的重复劳动，并控制设计成果的准确性。

　　与Trimble整合将会给这个产品带来更多机会，如带给那些真正需要这个平台的人，或者真正能利用这个平台的人，使他们能开发更多新功能，同时让平台变得越来越好。虽然合并，

SketchUp将会继续提供免费版平台，如图1—18和图1—19所示。

图 1—18   图 1—19

SketchUp具有"所见即所得"的特性，能快速地实时显示三维模型的几何面，并且在模型表面上显现材质纹理和明暗阴影。

虽然早期的SketchUp在建筑设计的应用功能上不及其他一些建模软件，但由于它易学易用，并且根据专业人员的需求不断更新其功能，时至今日，已能与其他老牌三维设计软件并驾齐驱。

1.1.4　SketchUp的特点 ▽

SketchUp相对于其他的三维类软件，有着界面简洁、操作便捷、所见即所得以及支持多种软件格式互转等诸多优点，更容易上手，能够帮助设计师快速将设计方案制作成相应的模型场景。

1. 简洁直观的界面

SketchUp简便易学，命令极少，而且初学者可以通过单击界面上形象的工具图标启用软件的绝大部分功能，因此不需要记忆以及输入庞杂的命令，完全避免了其他设计软件的复杂性，设计师能够在较短时间内掌握建模能力。图1—20和图1—21所示为SketchUp 2016的界面。

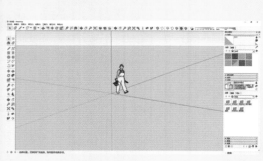

图 1—20   图 1—21

2. 适用范围广泛

SketchUp在建筑、规划、园林、景观、室内、工业设计、游戏设计等领域被广泛应用。设计过程的任何阶段都可以作为直观的三维成品，甚至可以模拟手绘草图的效果，完全解决了及时与甲方交流的问题，如图1—22和图1—23所示。

3. 便捷的操作性

在SketchUp中建模就像使用铅笔在图纸上绘图一样，它能够自动识别并创建封闭模型面，辅助以自动捕捉与快捷的操作响应。SketchUp的建模流程简单明了而又十分准确，概括而言为画线成面，挤压成型，如图1—24至图1—27所示。设计师通过一个图形就可以推拉生成3D几何体，无须进行复杂的参数设置。SketchUp充分考虑到了数据输入建模时的简便性，如果要创建准确数据的模型细节，只需要在启用对应工具后直接在键盘上输入数据，然后按Enter键确认即可，不用再选择输入框，因而整个建模操作十分简便流畅。

图 1—22

图 1—23

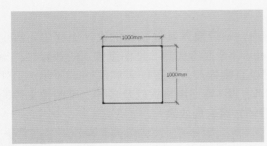

图 1—24

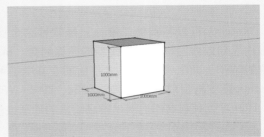

图 1—25

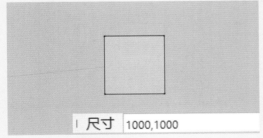

图 1—26

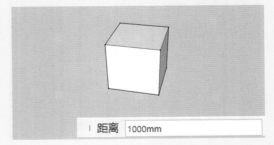

图 1—27

4．强大而有趣的显示效果

SketchUp在建模的过程中"所见即所得"，在进行设计创作的过程中可以随时观察到任意角度的贴图加光影的效果，不需要经过长时间的光影渲染，因此可以即时地修改与再创作。同时在建模的过程中除了常规地贴图显示外，SketchUp还提供了多种显示模式用于满足建模及观察时的不同需求，保证整个模型创建过程流畅，如图1—28和图1—29所示。

图 1—28

图 1—29

5．轻松制作方案说明

在SketchUp中制作设计方案时，可以将文本、演示文档、视频动画全面结合，以表达设计师的创作思路，如图1-30和图1-31所示。

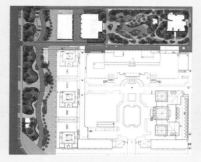

图 1-30

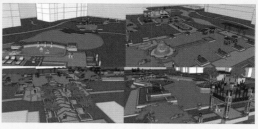

图 1-31

6．支持多种格式的文件导入与导出

SketchUp可以与其他二维、三维软件结合使用，快速接入其他软件的设计流程中，实现从方案构思到效果图与施工图绘制的完美结合。SketchUp全面考虑到二维图纸接入的兼容性，当前主流的DWG、JPG、TGA等格式平面图在其中都可以直接导入，如图1-32和图1-33所示。另外，SketchUp还支持目前主流的3DS、OBJ、DAE、VRML、FBX等三维格式以及多种二维图像文件的导入，因此可以顺利制作出满足市场需求的动画或静帧方案表现效果。

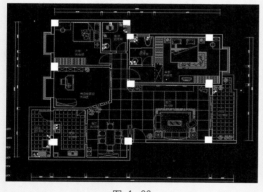

图 1-32

图 1-33

1.1.5　SketchUp设计应用领域 ▼

1．在建筑设计中的应用

SketchUp在建筑设计中被广泛应用，它可以帮助设计师快速构建设计方案。

（1）方案构思阶段

在这个阶段对模型的高度要求不高，可以使用SketchUp大致推拉出建筑体块，根据建筑功能的需求及周围环境初步确定建筑尺寸，构建建筑群的天际轮廓线，建立三维空间系统，这对于功能分区和交通流线分析有着很大的启发作用。

传统的建筑设计由于技术条件有限，建筑师考虑日照对建筑的影响时，只能依照平面上的间距，然后凭借经验或者想象，对于不规则的组合平面，其光影分析的准确性并不高。在SketchUp中，不存在布光的问题，因为它具备强大的光影分析功能，可以用于模拟任何城市的日照效果，既准确又直观，只需要设定项目所在城市或设置经纬度，就可以模拟出一年中任意时刻的日照情况。利用这种光影特性可以准确地把握建筑的尺度，控制造型和立面的光影效果。

(2) 方案深化和修改阶段

这个阶段的主要任务是在上一阶段确立的建筑体块的基础上进行深入，设计师要考虑好建筑风格、窗户形式、屋顶形式，丰富建筑构件、墙体构件等细部元素，使用SketchUp细化建筑模型。在SketchUp中，用户可以在同一场景中切换不同的构思方案，在同样的视点、同样的环境条件下感受不同的建筑空间和建筑形象，比较分析不同方案的适应程度，选出更加合理的方案。

(3) 方案展示阶段

建筑剖面透视功能：Sketchup 强大的制面透视功能，能按设计师的要求方便、快捷地生成各种空间分析剖面图，将透视图的空间距离感和剖面提供的剖面视图结合在一起，直观、准确地反映复杂的空间结构。

内部空间多方位展示：在内部空间的展示中，SketchUp提供了漫游功能，使得观察者可以动态地在虚拟建筑场景中进行漫游，让观察者可以更全面地理解和评判设计方案，检验各种空间环境给人的心理感受是否与设计者的初衷相吻合。

2．在室内设计中的应用

近年来，室内设计行业风生水起，随着室内设计行业的发展，越来越多的软件也应用到此行业中。其中，SketchUp在室内设计中可以很方便地结合CAD平面图来创建模型，快速做出室内效果图，并且可以实时地从不同角度观看三维空间的效果。

3．在城市规划中的应用

SketchUp在城市规划设计中，凭借其易学易用的特点，同样被广泛应用。使用它既可以规划宏观的城市空间形态，也可以进行细节规划。SketchUp的辅助建模及分析功能可以提高设计师规划的科学性与合理性，目前被广泛应用于控制性详细规划、城市设计、修建性详细设计以及概念性规划等不同规划类型项目中。

4．在园林景观设计中的应用

因为SketchUp在构建地形高差等方面可以快速生成直观效果，而且有丰富的景观素材库，如水景、植物、街具、照明等小品模型，以及强大的贴图材质库，让其在园林景观设计方面也大受欢迎。

5．在工业设计中的应用

SketchUp在工业设计的产品草图设计中也被大量应用。

6．在游戏动漫中的应用

在游戏动漫中，可以用SketchUp创建游戏场景以及游戏角色的原始模型。

1.2　认识SketchUp 2016的工作界面

SketchUp 2016的工作界面主要由标题栏、菜单栏、工具栏、绘图区、状态栏和数值控制框6部分组成。其中，最常用的区域就是界面中的绘图区，下面详细介绍SketchUp 2016的工作界面。

1.2.1　启动SketchUp 2016

1．关于图元的概念

在正式讲解工作界面之前，为了使读者能够准确地理解菜单栏中部分命令的作用，这里先介绍"图元"的概念。图元就是组成物体的基本单元，在SketchUp中一个三维的物体可以被看作点、线、面、组、组件的结合体，这些组成三维物体的元素，就叫作"图元"。

首次运行SketchUp 2016时，会弹出"欢迎使用SketchUp"的向导界面。在向导界面中设置了"学习""添加许可证""选择模板"和"始终在启动时显示"等功能。

2．添加许可证

安装完SketchUp 2016后，默认处于试用版状态。购买后，可以单击"添加许可证"按钮，输入用户名、序列号和授权号升级为专业版，如图1-34和图1-35所示。

图 1-34

图 1-35

3．选择模板

单击"选择模板"按钮，会自动展开"模板"内容，单击即可选中所需模板，如图1-36所示。

4．重显向导界面

向导界面中最常用的功能就是"选择模板"，如果取消勾选"始终在启动时显示"复选框，再打开SketchUp时就不再显示向导界面了。此时，如果要重新显示向导界面以切换到其他尺寸模板，可以执行"帮助"→"欢迎使用SketchUp"命令，如图1-37所示，即可重新打开向导界面。

图 1-36

图 1-37

1.2.2 标题栏

标题栏在菜单栏的上部，从左至右依次显示当前所编辑的文件名（如果文件名为"无标题"，说明还没有保存此文件），最右侧为软件窗口的控制按钮（最小化、最大化、关闭），如图1-38所示。

无标题 - SketchUp

文件(F)　编辑(E)　视图(V)　相机(C)　绘图(R)　工具(T)　窗口(W)　帮助(H)

图 1-38

1.2.3　菜单栏 ▽

菜单栏在标题栏的下方，包含了SketchUp的所有命令。具体包含"文件""编辑""视图""镜头""绘图""工具""窗口"和"帮助"8个主菜单，如图1-39所示。

图 1-39

1. 文件

"文件"菜单用于管理场景中的文件，包括"新建""打开""保存""另存为""发送到LayOut""打印""导入"和"导出"等常用命令，如图1-40所示。

新建：执行该命令，则关闭当前文件并同时创建一个空白的新文件。如果在执行该命令之前没有保存对当前文件的更改，则系统会提示保存更改。

打开：执行该命令，会弹出"打开"对话框，可以打开需要编辑的文件，如图所示。如果现有文件未保存，则系统会提示用户先保存该文件。

保存：执行该命令，可保存当前正在编辑的文件。

另存为：执行该命令，可以将当前编辑的文件另行保存。

副本另存为：执行该命令，可以将正在编辑的文件再另存一份。它与"另存为"命令的区别在于，该命令不会覆盖或关闭当前文件，并且该命令只有在当前文件被保存过之后才能使用。

图 1-40

另存为模板：执行该命令，会弹出"另存为模板"对话框。用户可以为模板命名，单击"保存"按钮即可将文件另存为一个SketchUp模板。再次开启SketchUp时，可以在向导界面中找到并使用该模板。

还原：执行该命令，可将当前文档还原至上次保存的状态。

发送到LayOut：LayOut是SketchUp专业版自带的一个程序，可以帮助设计者准备文档集，传达其设计理念。执行该命令，会自动打开LayOut，并将模型在LayOut中打开。

在Google地球中预览：执行该命令，可在Coogle地球中快速查看正在编辑的模型。

地理位置："地理位置"子命令包含对模型进行地理定位的3个子命令，如图1-41所示（由于Google现已退出中国市场，此项功能目前无法正常使用）

·添加位置：　用于选择模型的位置。

·清除位置：　可从模型中删除该位置。

·显示地形：可在2D和3D图像之间切换Google地球快照图像。

图 1-41

建筑模型制作工具：包含使用建筑模型制作工具的子命令。

添加新建筑物：可从SketchUp中启动建筑模型制作工具。

3D Warehouse：该项包含获取模型、共享模型和分享组件3个子命令，如图1-42所示。

图 1-42

·获取模型：可从3D模型库中下载模型。

·共享模型：可将模型文件和相应的KML文件发布到3D模型库中。

导入：执行该命令，可将模型或图片导入SketchUp中。

导出：可以将模型导出为3D模型、二维图形、剖面或者动画，用于与他人共享或供其他应用程序使用。

打印设置：执行该命令，会打开"打印设置"对话框，可以设置所需的打印设备和纸张大小等内容，如图1—43所示。

打印预览：执行该命令，可预览即将打印的图像。

打印：执行该命令，可以打印当前绘图区显示的内容。

生成报告：当文件在编辑过程中出现错误时，执行该命令，可将当前文件中"所有模型"或者"选中的模型"的信息生成一个HTML或CSV格式的报告，上传到SketchUp帮助中心，寻求解决方案。

图 1—43

最近的文件：打开多个文件后，这里会列出最近打开的SketchUp文件，从此列表中选择某个文件即可打开该文件。

退出：执行该命令，可关闭当前文件并退出SketchUp应用程序。

2.编辑

"编辑"菜单包含的命令不仅包括剪切、复制、粘贴、隐藏，还有创建组和创建组件等，如图1—44所示。

还原：执行该命令，可返回上一步的操作，快捷键为Ctrl+Z或Alt+Backspace。

重做：执行该命令，可以撤销"还原"命令，快捷键为Ctrl+Y。

剪切：执行该命令，可将选定的模型剪切到剪切板，以供后续使用，快捷键为Ctrl+X或Shift+Delete。

复制：执行该命令，可将选定的模型剪切到剪切板，以供后续使用，快捷键为Ctrl+C。

粘贴：执行该命令，可将选定的模型粘贴到当前的SketchUp文件中，快捷键为Ctrl+V。

图 1—44

定点粘贴：执行该命令，可将选定的模型粘贴到原坐标（即原来场景中的位置坐标）。

删除：执行该命令，可删除当前选定模型。

删除参考线：执行该命令，可删除文件中所有参考线。

全选：执行该命令，可以选择文件中所有可被选择的模型。

全部不选：可以取消对所有模型的选择。

隐藏：执行该命令，可以隐藏选定模型。

取消隐藏：该命令包含图1—45所示的三个子命令。

·**选定项**：可将选中的隐藏模型显示出来。

·**最后**：可显示最近一次被隐藏的模型。

·**全部**：可以显示所有被隐藏的模型。

图 1—45

锁定：执行该命令，可以锁定被选中的模型。

取消锁定：执行该命令，可以将被锁定的模型解锁。该命令包括如图1—46所示的两个子命令。

·**选定项**：可将被选定的锁定模型解锁。

·**全部**：可将所有锁定模型解锁。

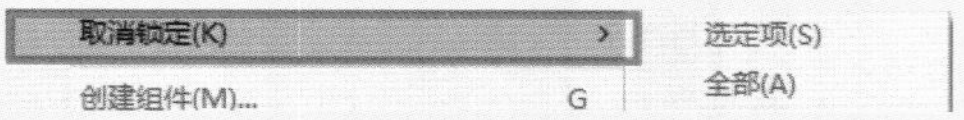

图 1—46

创建组件：执行该命令，可将选定的模型创建为组件。

创建群组：执行该命令，可将选中的模型创建为组。

关闭组／组件：执行该命令，可以从组／组件的编辑状态中退出。

交错平面："相交平面"命令包含如下三个子命令。

· 整个模型交错：让所有模型与当前选定的模型相交，创建相交线。

· 只对选择对象交错：只让被选定的模型相交，创建相交线。

· 关联交错：只让当前文件中的模型相交，创建相交线。这个命令一般很少用。

3．视图

"视图"菜单包含了更改模型显示方式的众多命令，如图1-47所示。

工具栏：　包含了SketchUp中所有的工具命令，单击勾选某个命令，即可在界面中显示出相应的工具栏，具体包括大工具集、镜头、构造、绘图、样式、Google、图层、度量、修改、主要、截面、阴影、标准、视图、漫游、动态组件和沙盒等命令，如图1-48所示。

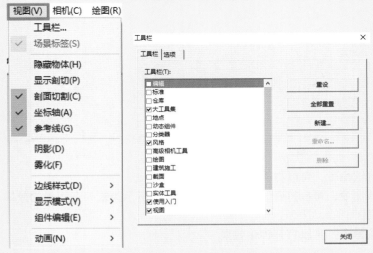

图 1-47　　　　　　　　　　　　图 1-48

场景标签：执行该命令，可以打开／关闭场景选项卡的显示。

隐藏物体：执行该命令，可以将隐藏的模型以虚线形式显示出来，效果如图1-49 所示。

显示剖切：执行该命令，可以打开或关闭截平面的显示。图1-50所示为打开截平面的效果；图1-51所示为关闭截平面的效果。

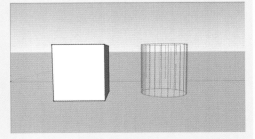

图 1-49

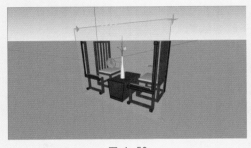

图 1-50

图 1-51

截面切割：执行该命令，可以打开或关闭截面切割效果的显示。图1—52所示为打开截面切割的效果；图1—53所示为关闭截面切割的效果。

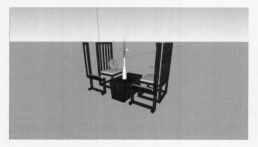 

图 1—52　　　　　　　　　　　　　图 1—53

坐标轴：执行该命令，可以打开或关闭绘图轴的显示，如图1—54和图1—55所示。

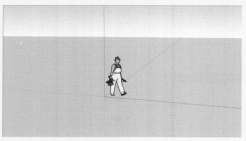 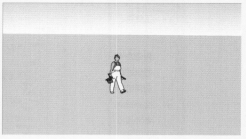

图 1—54　　　　　　　　　　　　　图 1—55

参考线：执行该命令，可以打开或关闭参考线的显示。

阴影：执行该命令，可以打开阴影的显示。图1—56所示为未勾选阴影的效果；图1—57所示为勾选阴影后的效果。

雾化：执行该命令，可以打开雾化效果。

边线样式：该命令主要控制了边线的显示方式，包含了边线、后边线等子命令。

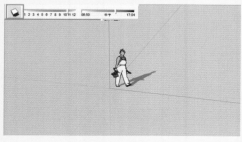 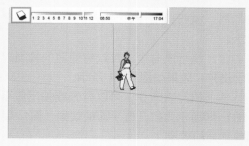

图 1—56　　　　　　　　　　　　　图 1—57

显示模式：该命令主要控制了面的显示方式，包含了X射线、线框、隐藏线等子命令。

组件编辑：该命令包含了两个子命令，可用于改变编辑组件时的显示方式。

·**隐藏模型的其余部分**：执行该命令，可以在编辑组件时隐藏其他模型。

·**隐藏类似的组件**：执行该命令，可以在编辑组件时隐藏该组件的副本。

动画：该命令包含与场景和动画相关的子命令，如图1—58所示。

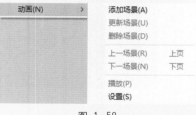

图 1—58

- 添加场景：执行该命令，可以添加新的场景。
- 更新场景：执行该命令，可以更新正在编辑的场景。
- 删除场景： 执行该命令，可以删除正在编辑的场景。
- 上一场景：执行该命令，可以切换到上一场景。
- 下一场景：执行该命令，可以切换到下一场景。
- 播放：执行该命令，可以播放场景动画。
- 设置：执行该命令，可以打开"模型信息"对话框的"动画"面板。

4. 相机

在SketchUp中所看到的模型场景，都可以理解为从某个相机的取景器中看到的画面。SketchUp中的视角是相机视角，代表了镜头中心点到成像平面两端所形成的夹角。而在界面中所看到的最终场景图像就是视图，观察场景的角度不同，或者说相机的位置、朝向不同，视图也就不同。"相机"菜单包含了用于更改视角和视图的众多命令，如图1—59所示。

图 1—59

上一视图：执行该命令，可以返回上次使用的视图。

下一视图：执行"上一个"命令后，执行该命令，可以返回最后使用的视图。

标准视图：SketchUp提供了一些预设的"标准视图"，具体包括顶部、底部、前、后、左、右和等轴等视图。

平行投影：执行该命令，可以进入平行投影显示模式。

透视显示：执行该命令，可以进入三点透视显示模式。

两点透视图：执行该命令，可以进入两点透视显示模式。

新建照片匹配：执行该命令，可以导入照片作为模型的材质贴图。

编辑照片匹配：执行该命令，可以编辑之前匹配的照片。

环绕观察：执行该命令，可以调用"环绕观察"工具，让相机环绕观察模型。

平移：执行该命令，可以调用"平移"相对于视图平面，垂直或水平移动相机工具，来观察模型。

缩放：执行该命令，可以调用"缩放"工具，放大或者缩小当前视图，调整相机与模型之间的距离和焦距。

视野：执行该命令后，按住鼠标左键在屏幕上拖动，可改变相机视野。视野越小，观看范围越窄，透视效果越弱； 视野越大，观看范围越宽，透视效果越强。图1—60所示为视野是15°时的效果；图1—61所示为视野是60°时的效果。

图 1—60

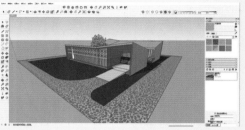

图 1—61

缩放窗口：执行该命令，可以调用"缩放窗口"工具，放大绘图区中指定区域的内容。

缩放范围：执行该命令，可以调用"缩放范围"工具，最大化显示场景中的所有内容。

背景充满视图：执行该命令，可以让背景图片充满整个视图。

定位相机：执行该命令，可以调用"定位镜头"工具，并精确放置相机位置并控制视点高度。

漫游：执行该命令，可以调用"漫游"工具，让用户像散步一样观察模型。

观察：执行该命令，可以调用"正工具，以相机自身为旋转中心，旋转观察模型，就像人转动脖子四处观看。

冰屋图片："冰屋图片"需要与"匹配照片"草图模式搭配使用，用于为模型增添细节，一般很少被使用。

5. 绘图

"绘图"菜单下包含了多种绘图的工具，如直线、圆弧、形状、沙盒。每个菜单项都有对应的绘图工具，如图1-62所示。

直线：执行该命令，可以启用"直线"工具来绘制直线、连续线段或者闭合的图形，也可以用来分割平面或修复被删除的平面。

手绘线：执行该命令，可以启用"手绘"工具绘制不规则的共面的连续线段。

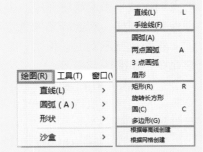

图 1-62

圆弧：执行该命令，可以启用"圆弧"工具绘制圆弧。

矩形：执行该命令，可以启用"矩形"工具绘制矩形。

圆：执行该命令，可以启用"圆形"工具绘制圆形。

多边形：执行该命令，可以启用"多边形"工具绘制3~100条边的正多边形。

沙盒：该命令包含"根据等高线创建"和"根据网格创建"两个子命令，可以用这两个命令创建地形。

6. 工具

"工具"菜单包括编辑模型的常用工具，每个子命令都对应一个编辑工具，如图1-63所示。执行某个子命令后，就会自动切换到对应的工具。

选择：执行该命令，可以使用"选择"工具选择模型。

删除：执行该命令，可以使用"橡皮擦"工具直接删除模型或辅助线。

材质：执行该命令，可以使用"颜料桶"工具给模型填充材质。

移动：执行该命令，可以使用"移动"工具移动，缩放或复制模型。

旋转：执行该命令，可以使用"旋转"工具旋转模型。

缩放：执行该命令，可以使用"拉伸"工具缩放模型。

图 1-63

推/拉：执行该命令，可以使用"推／拉"工具对模型执行移动、挤压和添加面的操作。

路径跟随：执行该命令，可以使用"放样"工具选择一条边线作为路径，沿此路径将图形放样成面。

偏移：执行该命令，可以使用"偏移"工具对平面或一组共面的线进行偏移复制，偏移复制后会产生新的平面。

实体外壳：该命令可以将多个组件合并为一个组。

实体工具：执行该命令，可以在组或组件间进行布尔运算，以创建更复杂的模型。

卷尺：执行该命令，可以使用"卷尺"工具测量两点间的距离和创建导向线。

量角器：执行该命令，可以使用"量角器"工具测量两条线条之间的夹角和创建导向线。

坐标轴：执行该命令，可以使用"轴"工具移动坐标轴的位置。

尺寸：执行该命令，可以使用"尺寸"工具对模型进行尺寸标注。

文字标注：执行该命令，可以使用"文字"工具输入文字。

三维文字：执行该命令，可以使用"三维文本"工具创建三维文字。

剖切面：执行该命令，可以使用"截平面"工具创建和编辑模型的剖切面。

互动：执行该命令，可以使用"与动态组件互动"工具与动态组件进行互动。

沙盒：该命令包含了5个子命令，分别为"曲面起伏""曲面平整""曲面投射""添加细部""对调角线"，主要用来编辑地形，如图1-64所示。

图 1-64

7. 窗口

"窗口"菜单中的命令代表着不同的编辑器和管理器，通过这些命令（如图1-65所示）可以打开相应的对话框。

模型信息：执行该命令，会弹出"模型信息"对话框，用于显示当前文件的基本信息。

图元信息：执行该命令，会弹出"图元信息"对话框，用于显示当前选中的图元的信息。

默认面板：该菜单命令下有14个命令，单击命令会弹出相应的对话框。

系统设置：执行该命令，会弹出"系统设置"对话框，可以设置SketchUp 中的一些基本参数，如图1-66和图1-67所示。

图 1-65

图 1-66

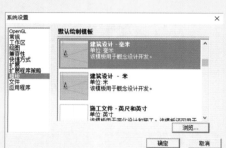

图 1-67

3D Warehouse和Extension Warehouse：执行该命令，会弹出对应的对话框（目前该功能在国内暂无法使用）。

Ruby 控制台：执行该命令，会弹出"Ruby控制台"对话框，用于编写Ruby命令。

组件选项：执行该命令，会弹出"组件选项"对话框，可以查看组件的介绍信息并对组件相关参数进行切换。

组件属性：执行该命令，会弹出"组件属性"对话框，可以设置组件的属性，包括组件的大小、名称、位置和材质等。

照片纹理：执行该命令，可以直接从Google地图上截取照片纹理，并作为材质贴图赋予模型。

8. 帮助

通过"帮助"菜单中的命令，可以获得一些软件使用方面的帮助信息，了解软件的版本，实现更新软件，还可以打开或者关闭向导界面，如图1-68所示。

图 1-68

19

1.2.4 工具栏 ⊙

工具栏在菜单栏的下方，包含了最常用的工具。在第一次运行SketchUp时，只会显示"开始"工具栏。可以执行"视图"→"工具栏"中的子命令来打开其他工具栏，如图1-69所示。

可以自定义工具栏中的命令，有选择性地进行开启或关闭设置，如图1-70所示。

图 1-69　　　　　图 1-70

1.2.5 绘图区 ⊙

绘图区又称绘图窗口，是SketchUp界面中占面积最大的区域，在此区可以创建、编辑模型或对视图、视角进行调整，如图1-71所示。

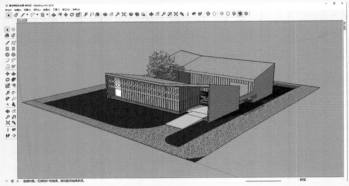

图 1-71

1.2.6 数值控制框和状态栏 ⊙

1. 数值控制框

绘图区的右下方是数值控制框，如图1-72所示。数值控制框可以显示模型的尺寸信息，也可以通过输入精确数值来控制模型大小。

2. 状态栏

状态栏位于绘图窗口左下方，如图1-73所示，用于显示命令提示和操作提示，这些提示信息会随着操作对象的变化而变化。

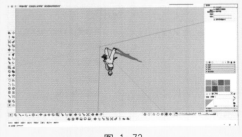

图 1-72　　　　　　　　图 1-73

1.3　掌握SketchUp 2016视图的控制

区别于大部分三维软件在绘图区的多视图设置，SketchUp仅有单一视图。接下来讲解SketchUp视图的控制，主要包括切换视图、旋转视图、平移视图以及撤销、还原视图的方法。由于建模以及观察都需要通过视口完成，因此熟练操作可以大大提高绘图的效率。

1.3.1　"视图"工具栏 ⊙

"视图"工具栏中包含了6个工具，如图1-74所示。主要用于将当前视图切换到不同的标准视图。标准的"视图"工具栏中的工具可以快速将视图切换到指定角度，配合不同的镜头透视方式，可以获得不同的视图效果。

图 1-74

执行"视图"→"工具栏"→"视图"命令，可以打开"视图"工具栏。此工具栏从左到右依次为等轴视图、顶视图、前视图、右视图、后视图和左视图这6种标准视图的按钮。单击某个视图的按钮，即可切换到相应的角度，如图1-75～图1-80所示。

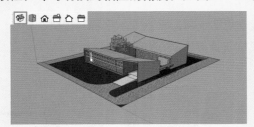

图 1-75

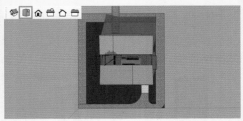

图 1-76

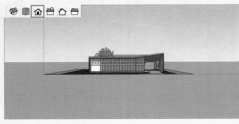

图 1-77

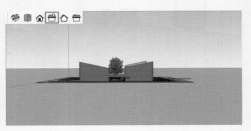

图 1-78

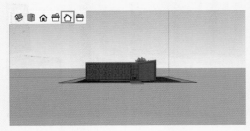

图 1-79

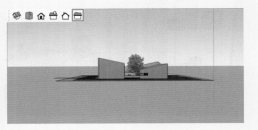

图 1-80

1.3.2　"相机"工具栏 ⊙

执行"视图"→"工具栏"→"相机"命令，可以打开"相机"工具栏，其中包含了9个工具，分别为"环绕观察"工具、"平移"工具、"缩放"工具、"缩放窗口"工具、"充满视窗"工具、"上一个"工具、"定位相机"
工具、"绕轴旋转"工具和"漫游"工具，
如图1-81所示。

图 1-81

"环绕观察"工具：使用"环绕观
察"工具可使相机围绕模型旋转，以使从多角度观察模型。具体操作方法如下。选择"环绕观
察"工具，或者按快捷键O，鼠标指针会变为两个相交垂直的椭圆形 ⊕。在绘图区内按住并拖动鼠
标即可让相机围绕模型旋转，进行多角度观察，如图1-82和图1-83所示。

图 1-82

图 1-83

"平移"工具：使用"平移"工具可以相对于视图平面，垂直或水平移动相机，简称"平移
视图"。具体操作方法如下。选择平移工具，或按快捷键H，鼠标指针会变为手形 🖑。在绘图区
内按住并拖动鼠标，即可进行视图的平移，如图1-84和图1-85所示。

图 1-84

图 1-85

"缩放"工具：使用"缩放"工具，可以动态地放大或缩小当前视图（即调整相机与模型之
间的距离），改变镜头的焦距和视角，它的快捷键为Z。如图1-86和图1-87所示。

图 1-86

图 1-87

"缩放窗口"工具：在视图中单击并拖动鼠标可以绘制矩形，释放鼠标后，矩形
范围内的内容会被放置在绘图区中心放大显示，如图1-88和图1-89所示。

"充满视窗"工具：单击该工具按钮可以使模型在绘图窗口内居中并以全屏方式全部显示。该
功能十分适合在完成某个局部细节后切换以观察其在整体中产生的效果，如图1-90和图1-91所示。

"上一个"工具：使用这个工具可以撤销或者恢复到上个相机视野。

图 1—88

图 1—89

图 1—90

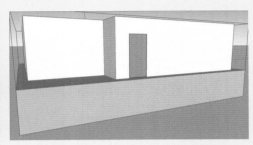

图 1—91

　　"定位相机"工具：该工具用于放置相机镜头的位置以控制视点的高度。放置了相机镜头的位置后，在"数值控制"框中会显示视点的高度，用户可以输入自己需要的高度。

　　"漫游"工具：使用该工具可以让用户像散步一样地观察模型，并且还可以固定视线高度，然后让用户在模型中漫步。只有在激活"透视图"模式的情况下，该工具才有效。激活"漫游"工具后，在绘图窗的任意位置单击，将会放置一个十字符号，这是鼠标指针参考点的位置。如果按住鼠标左键不放并移动，向上、下移动分别是前进和后退，向左、右移动分别是左转和右转。距离光标参考点越远，移动速度越快。

　　"绕轴旋转"工具：该工具以相机自身为支点旋转观察模型，就如同人转动脖子四处观看。该工具在观察内部空间时特别有用，也可以在放置相机后用来查看当前视点的观察效果。

1.4　掌握SketchUp显示效果的控制

　　SketchUp默认的绘图区域及模型的显示效果比较单调而又缺乏个性，可以通过SketchUp中的"风格"工具栏、"风格"面板、"阴影"工具栏等调整出丰富而又有个性化的效果。

1.4.1　"风格"工具栏 ⊙

　　"风格"工具栏包含了SkechUp常用场景效果的切换命令。执行"视图"→"工具栏"→"风格"命令可以调出"风格"工具栏，其中包含了7个工具，分别为"X光透视模式"工具、"后边线显示"工具、"线框显示"工具、"消隐显示"工具、"阴影显示"工具、"材质贴图显示"工具以及"单色显示"工具，如图1—92和图1—93所示。

　　"X光透视模式"工具：单击该按钮将进入"X光透视"模式，此时场景内所有的面都显示成透明，如图1—94所示。这样就可以观察到封闭模型的内部结构，也能透过模型编辑所有边线。

　　"后边线显示"工具：单击该按钮将进入"后边线显示"模式，此时将以虚线的形式显示场景内所有模型背部被遮挡的边线，如图1—95所示。这种模式适合快速观察模型结构。

1
2
3
4
5
6
7
8
9

图 1—92   图 1—93

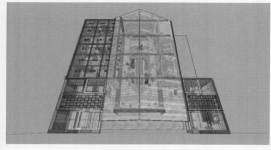

图 1—94   图 1—95

"线框显示"工具：单击该按钮将进入线框模式，模型将以一系列简单的线条显示，如图1—96所示。由于此时不能观察到面因此无法使用"推／拉"等以面为基础进行编辑的工具。

"消隐显示"工具：单击该按钮进入"消隐显示"模式，此时所有模型面的反面被隐藏，模型面显示场景中背景颜色，贴图将失效，如图1—97所示。

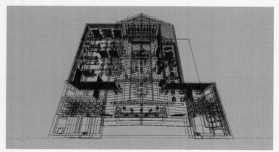

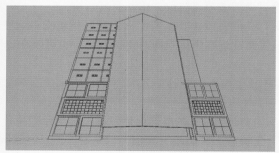

图 1—96   图 1—97

"阴影显示"工具：单击该按钮将进入"阴影显示"模式，此时模型各个面显示其应用材质色彩，要注意的是材质贴图此时纹理将失效，仅保留色调，如图1—98所示。

"材质贴图显示"工具：单击该按钮进入"材质贴图"模式，此时模型各个面显示其应用材质色彩与纹理，如图1—99所示。

"单色显示"工具：单击该按钮进入"单色显示"模式，如图1—100所示。

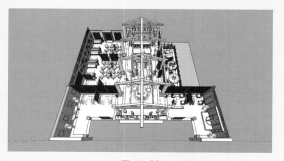

图 1—98

至此通过"风格"工具栏控制SketchUp显示效果的方法讲解完成，注意到"样式"工具栏只能对场景产生有限数量的预设显示效果，更不能修改场景中的线条、背景等显示细节。因此接下来将讲解使用更为强大的"风格"面板表现更多SketchUp风格的显示效果以及控制显示细节的方法与技巧。

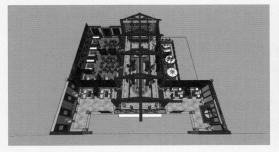

图 1-99

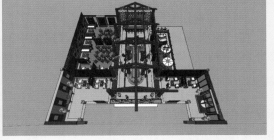

图 1-100

1.4.2 　"风格"面板 ▽

SketchUp不但包含"风格"工具栏中的多种预设显示模式，也可以对线条效果、模型正／反面颜色、天空、地面等细节进行自定义设置，以产生别具一格的显示效果，体现出用户的个性化。这些功能主要通过"风格"面板完成。执行"窗口"→"默认面板"→"风格"菜单命令即可调出"风格"面板，如图1-101所示。

1．"选择"选项卡

观察图1-102可以看到，在SketchUp 2016的"选择"选项卡下预设了7种风格目录，分别是"Style Builder竞赛获奖者""手绘边线""混合风格""照片建模""直线""预设风格"和"颜色集"。用户可以通过单击风格缩略图将其应用于场景中。常用的一些风格显示效果如图1-102所示。

2．"编辑"选项卡

在"风格"面板中单击"编辑"选项卡，即可看到5个不同的设置按钮，从左到右依次是边线设置、平面设置、背景设置、水印设置、建模设置，如图1-103所示

（1）边线设置

单击最左侧的"边线设置"按钮，可以打开"边线设置"面板，在该面板中的选项用于控制几何体边线的显示、隐藏、粗细以及颜色等。

（2）平面设置

"平面设置"面板主要包含了6种表面显示模式功能，分别是"以线框模式显示""以隐藏线模式显示""以阴影模式显示""使用纹理显示阴影""使用相同的选项显示有阴影的内容"和"X光透视模式"。另外，在该面板中还可以修改材质的正面颜色和背面颜色（SketchUp使用的是双面材质），可以看到其6种表面显示模式与"风格"工具栏中各工具按钮基本一致。

（3）背景设置

在"背景设置"面板中，可以通过参数设置修改场景的背景颜色，也可以在场景中制作天空和地面效果，并显示地平线细节。

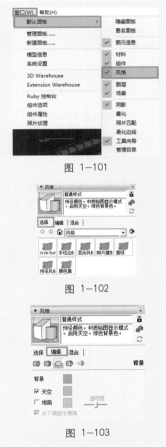

图 1-101

图 1-102

图 1-103

1
2
3
4
5
6
7
8
9

（4）水印设置

水印特性可以在模型周围放置2D图像，用来创造背景，模拟画布纹理或为模型添加标签。

（5）建模设置

在"建模设置"面板中可以修改模型中的各种属性以及显示状态，例如选定物体的颜色、被锁定物体的颜色等。

3. "混合"选项卡

"混合"选项卡的设置如图1-104所示，上方面板内的参数用于指定混合效果的应用范围，下方面板用于选定要应用的混合效果。具体的使用方法为：首先在"混合"选项卡的"选择"面板中选用一种样式（进入任意一个样式目录后，当鼠标指向各种样式时会变成吸取状态，单击即可），然后匹配到要应用的范围，比如"边线设置"中（鼠标指向"边线设置"选项后，会变成填充状态）。重复该操作选取不同的样式效果应用至不同的范围内，这样就完成了几种样式的混合设置。

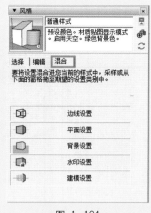

图 1-104

1.4.3 "阴影"工具栏 ▽

在SketchUp中要快速显示阴影并调整效果，首先可以执行菜单"视图"→"工具栏"→"阴影"命令，然后按下"阴影"工具栏中的"显示/隐藏阴影"按钮，如图1-105所示。此时再通过月份滑块以及时间滑块即可对场景阴影效果进行快速调整，如图1-105所示。

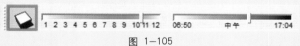

图 1-105

在SketchUp中调整阴影细节效果，可以通过"阴影"面板完成，执行菜单"窗口"→"默认面板"→"阴影"命令可以调出"阴影"面板，如图1-106和图1-107所示。

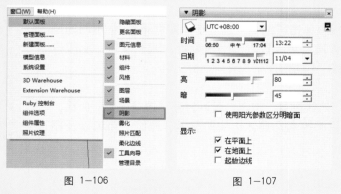

图 1-106   图 1-107

时间：设置一天中的具体时间，默认是正午12:00。

日期：设置具体日期，用于观察不同季节的太阳入射角。改变日期时，可以手工输入，也可以从日历中选择。

亮：控制漫射光的数值。

暗：控制环境光的数值。

在平面上：产生表面阴影。

在地面上：产生地平面上的阴影。

起始边线：从单独的边线产生投影（不用于定义表面的线）。

在实际工作中，一般可以将亮、暗度分别调整为100和30，选中产生表面阴影，如果地面已经有了地形模型，不必选中地面阴影，选中边线阴影的时候非常少。

● 技巧 提示

在制作过程中，有很多操作是不可撤销的（例如，修改命令面板中的某些参数、改变屏幕视图显示等）。如果遇到不能使用"撤销"（Undo）命令的情况，应该在修改之间执行菜单"编辑"→"暂存"命令；如果要进行撤销修改，执行菜单"编辑"→"取回"命令。

1.5 知识与技能梳理

通过本章的学习，读者应了解SketchUp的基本操作方法，熟悉SketchUp的工作界面和视图操作，为后面的操作打下良好的基础。

▶重要工具：工具栏、视图控制。

▶核心技术： 视图控制、效果工具栏。

▶实际运用：SketchUp视图的控制方法和工具栏的使用。

1.6 课后练习

一、选择题（共5题），请扫描二维码进入即测即评。

二、简答题

1.6 课后练习

1．在SketchUp中，分别用哪三个颜色的轴线代表空间的三个方向？

2．SketchUp的默认单位是什么，我国的设计规范单位是什么？

1
2
3
4
5
6
7
8
9

Chapter 2

模型的控制和编辑工具

　　在初步了解SketchUp的工作界面后，接下来学习基础的编辑工具。SketchUp的操作与其他三维软件一样，首先要学会对模型的控制，才能进行到下一步的编辑操作，提高工作效率。

	知识点　　　　　　　　　　　学习目标	了解	掌握	应用	重点知识
学习要求	模型的选择		🚩		
	模型的移动		🚩		
	模型的缩放	🚩			🚩
	模型的删除和边线的隐藏与柔化	🚩			

2.1　模型的选择

SketchUp是一款对模型对象进行操作的软件，即首先创建简单的模型，然后选择模型进行深入细化等后续工作，因此在工作中能否快速、准确地选择目标对象，对工作效率有着很大的影响。SketchUp常用的选择方式有"一般选择""框选与叉选"及"扩展选择"三种。

2.1.1　点选、框选和叉选 ▽

SketchUp中的选择操作，可以通过单击工具栏中的"选择"按钮或者直接按键盘上的空格键来激活。使用"选择"工具选取物体的方式有4种，分别是点选、窗选、叉选以及使用右键扩展选择。

点选方式就是在目标图形物上通过单击鼠标左键进行选择，共有3种操作方式：单击一次只能选择鼠标指针所在位置的模型面，如图2-1所示；如果双击该面，将同时选中这个面和构成面的边线，如图2-2所示；如果在一个面上单击3次以上，那么将选中与这个面相连的所有面、线和被隐藏的虚线，如图2-3所示。

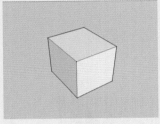
图 2-1

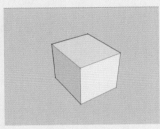
图 2-2

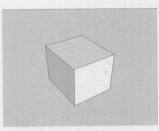
图 2-3

框选的方式为从左往右拖曳鼠标创建选择范围框，此时只有完全包含在矩形选框内的实体才能被选中，如图2-4所示。要注意的是，这种方式的选框是实线。

叉选即交叉选择，操作的方式为从右往左拖曳鼠标创建选择范围框，此时只要与矩形选框内有交叉实体均会被选中，如图2-5所示。要注意的是，这种方式的选框是虚线。

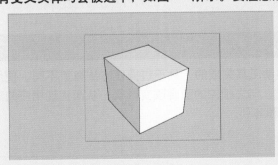
图 2-4

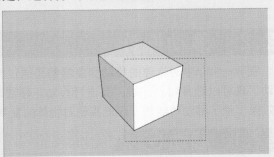
图 2-5

2.1.2　扩展选择 ▽

启用"选择"工具后，在目标图上单击鼠标右键，在弹出的快捷菜单中进入"选择"子菜单，此时就可以根据后方的命令进行扩展选择，如图2-6所示。

框选所有挂画的操作步骤如下：

01 打开智慧职教网站本课程中的"Chapter2\场景文件\窗选.skp"文件，如图2-7所示。

微课：框选所有挂画

02 直接在挂画与木方上三击鼠标左键，查看模型当前是否成组。如图2-8所示，可以看到当前模型均未成组，因此在选择时需要十分小心以避免多选。

03 为了准确选择到所有挂画并同时避免选择到后方木方，此时可以执行如图2-9所示的框选操作。

04 框选完成后的效果如图2-10所示，可以看到此时很好地完成了选择目的。

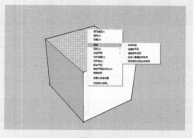

图 2-6

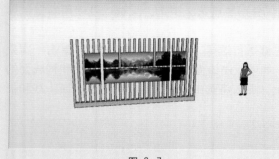

图 2-7

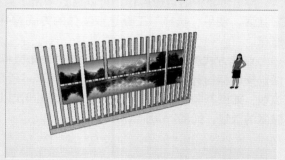

图 2-8

图 2-9

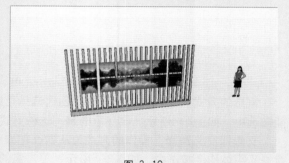

图 2-10

2.2 移动操作

在SketchUp中对物体的移动和复制都是通过移动工具完成的，只不过操作方法有所不同。使用移动工具可以随意对点、线、面进行移动。移动时，与之相关的面会改变形状，从而实现相应的建模效果。除了移动功能外，还能实现对物体的复制和阵列。

2.2.1 移动 ▽

1. 移动物体

使用"移动/复制"工具移动物体的方法非常简单，只须选择需要移动的元素或物体，激活"移动"工具，然后选择一个移动起始点，接下来再拖动鼠标即可将选择好的对象移动。在移动物体时会自动出现一条参考线用于表明当前移动方向，按住Shift键即可锁定该移动轴向，此时参考线变粗。

"移动"工具可以移动、缩放和复制。接下来了解其常用的操作步骤。

01 选择要移动的模型，然后启用"移动"工具，如图2-11所示。

02 等鼠标指针变成 ✥ 形状后在目标模型上选定一个移动起始参考点，如图2-12所示。

03 拖动鼠标到目标移动位置，然后单击即可完成移动操作，如图2-13所示。

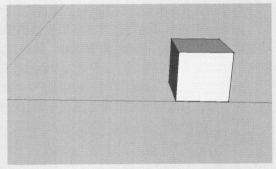

图 2-11

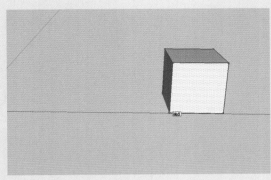

图 2-12

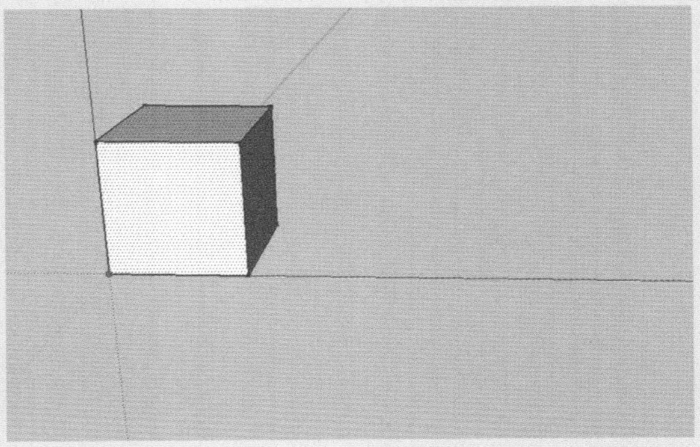

图 2-13

2．通过移动编辑形体

当移动几何体上的一个元素时，SketchUp会按需对几何体进行拉伸变形。可以通过这个方法移动点、边线以及表面编辑形体。

（1）点的移动

操作如图2-14和图2-15所示。

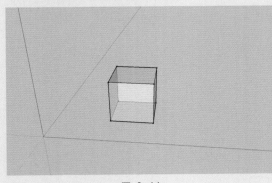

图 2-14

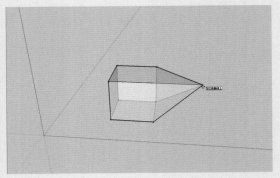

图 2-15

（2）线段的移动

选中正方体的一条边线并移动，将其变为楔体，如图2-16和图2-17所示。

（3）表面的移动

可以向任何方向移动表面，如图2-18和图2-19所示。

（4）用Alt键强制自动折叠

如果移动操作生成了不共面的表面，SketchUp会将这些表面自动折叠，任何时候都可以按住Alt键强制开启自动折叠功能。

1
2
3
4
5
6
7
8
9

自动折叠在大多数情况下是自动执行的。例如，移动长方体的一个角点就会产生自动折叠。

注意：有些时候生成的或非平面表面的操作会被限制。例如，移动长方体的一条边线，将自动在水平位置移动，而不能垂直移动。此时可以在移动之前按住Alt键来屏蔽这个限制，这样就可以自由移动长方体的边线了。SketchUp会对移动过程中被扭曲的表面进行自动折叠。

如果是在已经移动物体的过程中按下Alt键（不用按住不放，按一下即可）强制开启自动折叠功能，则移动工具图标的右上角会出现一个折线的小标记，如图2-20和图2-21所示。

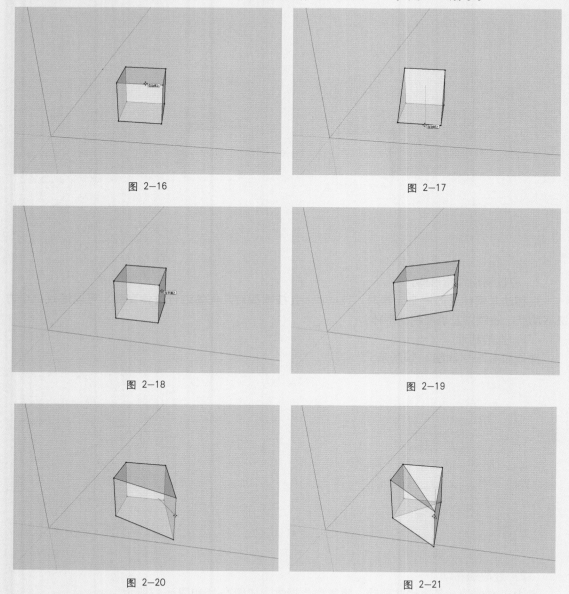

图 2-16 图 2-17

图 2-18 图 2-19

图 2-20 图 2-21

3. 编辑圆弧和圆

（1）编辑单独的圆弧和圆

在圆弧和圆还没有连接到非平面的表面上时，可以用移动工具编辑圆弧的半径，而且只需要用移动工具捕捉到圆弧上提示的"端点"即可，在数值控制框中输入数值可控制移动的距离，如图2-22和图2-23所示。

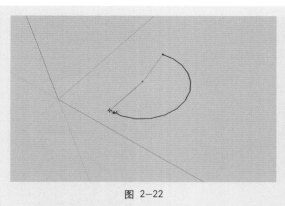

图 2-22　　　　　　　　　　　　　　　　图 2-23

（2）编辑由圆弧和圆为边线而生成的几何体

移动工具通过捕捉到一条特殊的线段可以改变圆柱、圆台等几何体的半径，在数值控制框中输入数值可控制改变的数值。

①圆柱：操作如图2-24和图2-25所示。

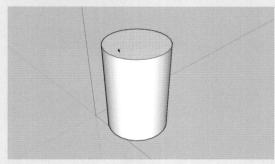
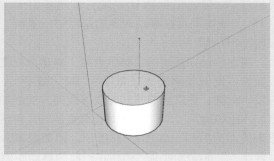

图 2-24　　　　　　　　　　　　　　　　图 2-25

②圆台：操作如图2-26和图2-27所示。

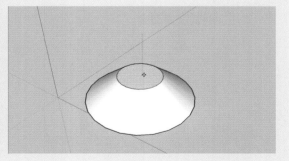

图 2-26　　　　　　　　　　　　　　　　图 2-27

2.2.2　精确移动 ⊙

在移动操作的过程中会在数值控制框中动态显示移动的距离，如图2-28所示。此时可以输入移动数值或者三维坐标值进行精确移动。

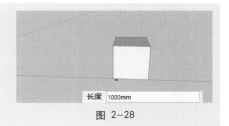

图 2-28

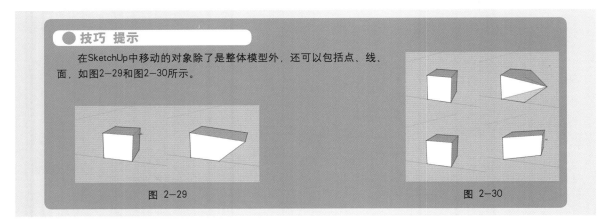

● 技巧 提示

在SketchUp中移动的对象除了是整体模型外，还可以包括点、线、面，如图2-29和图2-30所示。

图 2-29　　　　　　　　　　　　　　图 2-30

2.2.3　移动复制 ⊙

　　启用"移动"工具 ✛ 并在移动对象的同时按住Ctrl键，鼠标指针变成右下角多出一个"+"，此时即可在移动对象的同时进行复制，如图2-31所示。

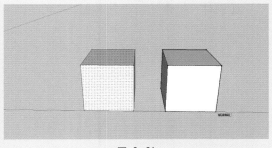

图 2-31

　　到达移动并复制的目标位置后，单击鼠标完成操作，此时如果输入"数字X"或"数字／"并按Enter键，会以当前移动距离等距的方式追加复制，比如输入"3X"，此时会再复制2份(包括原来的共为3份)，如图2-32所示。而如果输入"数字／"并按Enter键，则将在当前的移动距离内等距离追加复制，比如输入"3／"，此时间距内等距离复制3份，如图2-33所示。

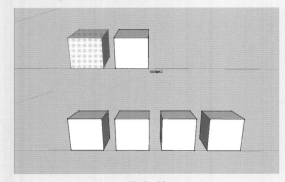

图 2-32

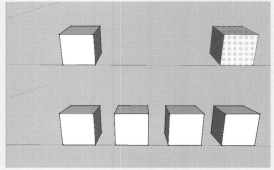

图 2-33

2.2.4　实例——创建百叶窗 ⊙

创建百叶窗的操作步骤如下：

01 启用"矩形"工具绘制百叶片，具体尺寸如图2-34所示。

02 启用"移动"工具选择后方边线向上移动20mm制作斜向细节，如图2-35所示。

03 选择叶片，启用"移动"工具捕捉下方端点为移动参考起始点，如图2-36所示。

微课：
创建百叶窗

04 按住Ctrl键进行移动复制，注意捕捉原有叶片顶部端点为移动结束点，如图2-37所示。

05 单击鼠标完成本次移动复制，然后输入"40X"追加等距离移动复制，如图2-38所示。

06 用"矩形"工具和"推/拉"工具，在当前窗帘上方创建一个长方体，具体尺寸如图2-39所示。

07 启用"直线"工具创建一段连接线，如图2-40所示。

图 2-34

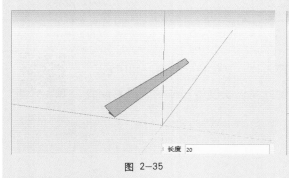

图 2-35

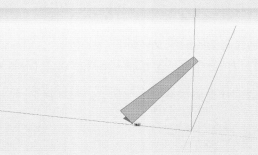

图 2-36

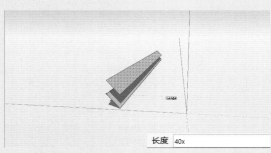

图 2-37

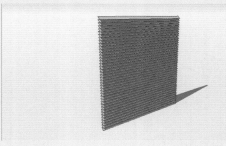

图 2-38

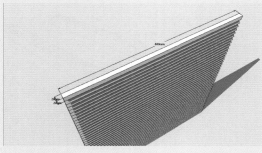

图 2-39

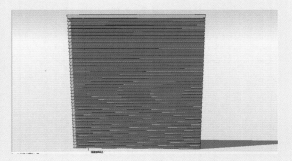

图 2-40

08 选择线条，然后启用"移动"工具令捕捉直线移动起始点，如图2-41所示。

09 按住Ctrl键切换至移动复制，然后按住Shift键锁定向右移动轴向，最后捕捉上方长方体"中点"完成复制，如图2-42所示。

1
2
3
4
5
6
7
8
9

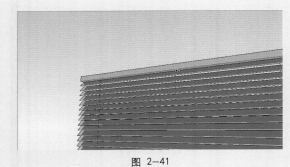

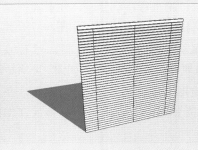

图 2-41　　　　　　　　　　　　图 2-42

2.2.5　实例——创建碟架 ▼

创建碟架的操作步骤如下：

01 启用"矩形"工具和"推/拉"工具创建一段木块，具体尺寸如图2-43所示。

02 选择木块，启用"移动"工具并按住Ctrl键向左以长度为75mm的距离移动复制一份，如图2-44所示。

微课：
创建碟架

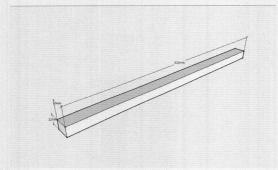

图 2-43

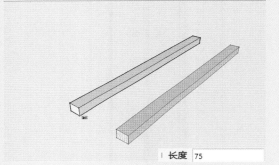

图 2-44

03 启用"圆"工具和"推/拉"工具在木块上面创建一段圆柱，如图2-45和图2-46所示。

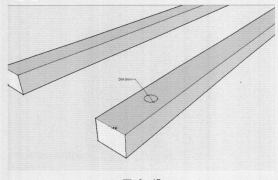

图 2-45

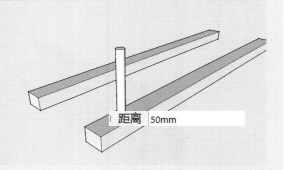

图 2-46

04 通过"叉选"选择圆柱，然后启用"移动"工具，并按住Ctrl键捕捉中点向左移动复制一份，如图2-47和图2-48所示。

05 选择创建好的两根圆柱，然后启用"移动"工具并按住Ctrl键捕捉边线向右移动复制一份，如图2-49所示。

06 输入"6/"追加复制，完成效果如图2-50所示。

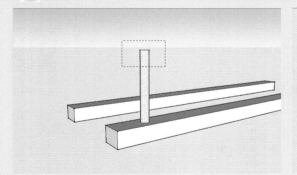

图 2—47

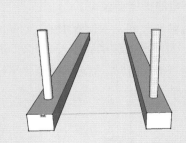

图 2—48

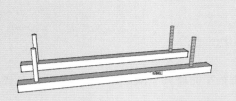

图 2—49

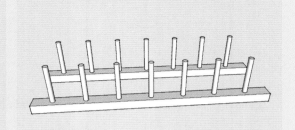

图 2—50

07 结合"矩形"工具和"推／拉"工具在中部创建一段木块，如图2-51和图2-52所示。

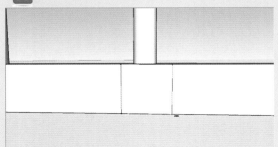

图 2—51

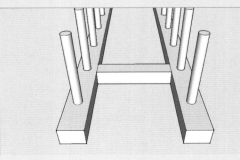

图 2—52

08 按住Ctrl键捕捉边线向右移动复制两份，如图2-53所示。

09 调整好材质并添加对应模型，最终完成效果如图2-54所示。

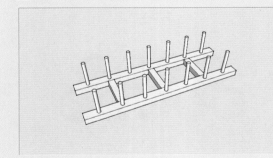

图 2—53

图 2—54

1
2
3
4
5
6
7
8
9

2.2.6 实例——创建酒杯塔 ▼

创建酒杯塔的操作步骤如下：

01 打开智慧职教网站本课程中的"Chapter2\场景文件\创建酒杯塔.skp"，当前模型为一只单独的玻璃酒杯，如图2-55所示。

02 切换至"前视图"，然后调整至"平行投影"模式，如图2-56所示。

微课：
创建酒杯塔

图 2-55　　　　　　　　　　　　　　图 2-56

03 选择酒杯，启用"移动"工具，然后捕捉酒杯左侧最突出位置来移动起始点，如图2-57所示。

04 按住Ctrl键切换至移动复制，然后向右捕捉原有酒杯右侧最突出位置为移动结束点并单击鼠标左键确认复制，如图2-58所示。

图 2-57　　　　　　　　　　　　　　图 2-58

05 输入"4x"追加复制，完成效果如图2-59所示。

06 切换至"顶视图"，然后调整至"平行投影"模式，再通过移动复制出第2排4只酒杯，如图2-60所示。

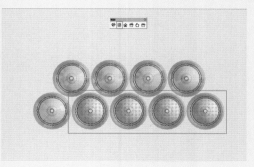

图 2-59　　　　　　　　　　　　　　图 2-60

07 重复类似操作复制出底层以等边三角形分布的所有酒杯，完成效果如图2-61所示。

08 选择底层1～4排酒杯，然后切换至"前视图"并调整至"平行投影"模式，最后向上以130mm的距离移动复制，如图2-62和图2-63所示。

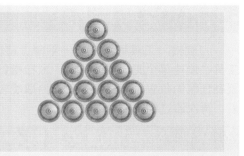

图 2-61

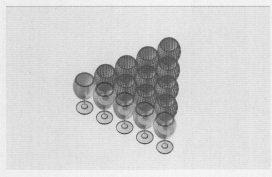

图 2-62

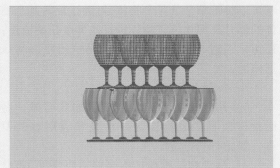

图 2-63

09 为加快计算机的反应速度，可以调整至"线框显示"模式，然后调整第2层酒杯位置至第1层酒杯的中部，如图2-64和图2-65所示。

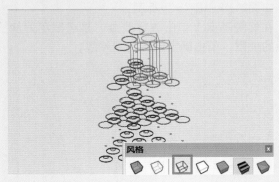

图 2-64

图 2-65

10 经过以上操作，酒杯塔当前效果如图2-66所示。

11 重复类似操作，完成酒杯塔最终效果如图2-67所示。

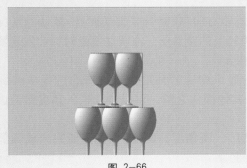

图 2-66

图 2-67

2.3 旋转操作

"旋转"工具可以在同一平面上旋转物体中的元素，也可以旋转单个或多个物体。"旋转"工具在旋转某个元素或物体时，鼠标指针会变成一个"旋转量角器"，可以将该"旋转量角器"放置在任意的位置，然后通过单击拾取旋转的起点，并移动鼠标指针开始旋转，当旋转到需要的角度后，再次通过单击完成旋转操作。

2.3.1 旋转和旋转复制 ▼

"旋转"工具可以旋转几何体中的元素，也可以旋转单个或多个物体；可通过旋转某个物体的部分几何体将该物体进行拉伸或扭曲操作；还可以通过"旋转"工具对物体进行复制和环形阵列。

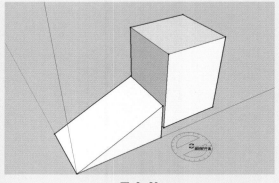

图 2-68

1. 旋转几何体

1）用选择工具选中要旋转的几何体，激活旋转工具后光标变为一个量角器形状的罗盘，如图2-68所示。

2）移动旋转罗盘捕捉到旋转参考面（若参考面与蓝轴垂直，则罗盘显示为蓝色；若参考面与红轴垂直，则罗盘显示为红色；若参考面与绿轴垂直，则罗盘显示为绿色；若参考面与这三条坐标轴都不垂直，则罗盘显示为黑色）。捕捉到参考面之后，可按住Shift键锁定罗盘的旋转平面来进行移动，同时可看到罗盘中心引出一条虚线，如图2-69和图2-70所示。

3）锁定旋转参考面后移动罗盘的中心点，在旋转基点上单击放置罗盘。基点确定后从罗盘中心拉出一条虚线，移动鼠标拉动虚线到合适的位置，单击确定旋转的起始线。

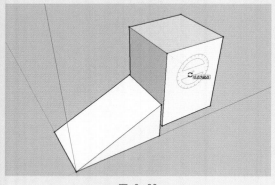

图 2-69

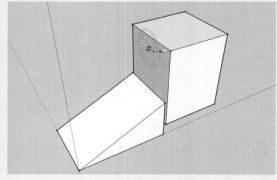

图 2-70

4）在旋转起始线确定后，再移动鼠标确定旋转方向（顺时针或者逆时针）默认的情况下，SketchUp会开启角度捕捉功能，而且捕捉的角度为15°的整数倍，在转动罗盘时你会发现罗盘在旋转到15°的整数倍时有稍稍的停顿，如图2-71所示。

5）罗盘在旋转过程中，在数值控制框中会显示旋转的角度。在旋转的过程中或旋转之后，输入数值并按Enter键确定旋转角度。在进行其他操作之前，可以持续输入角度数值进行比照和调整，如图2-72所示。

选择一个旋转平面调整单个或多个物体以及线、面角度，配合Ctrl键还能完成旋转复制功能。图2-73～图2-76所示为四张旋转不同角度的图。

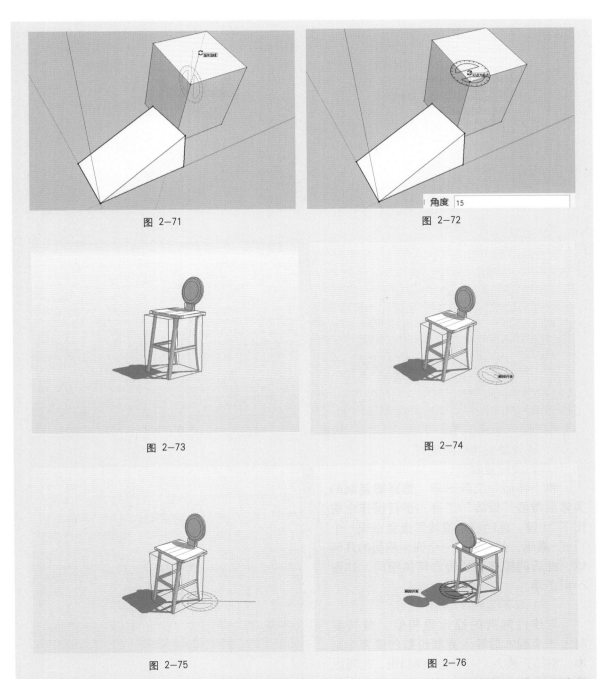

图 2-71   图 2-72

角度 15

图 2-73   图 2-74

图 2-75   图 2-76

使用"旋转"工具，除了整体对象的旋转外，还可以对线、面进行单独旋转，此时通常用于调整造型效果，如图2-77和图2-78所示。

在使用"旋转"工具时按住Ctrl键同样可以在旋转的同时复制物体。复制完成后输入对应的"数字x"或"数字／"可以追加复制效果。

2．旋转扭曲

只选择物体的一部分时，"旋转"工具也可以用来拉伸或扭曲几何体。如果旋转会导致一个表面被扭曲或变成非平面，SketchUp将开启自动折叠功能，如图2-79和图2-80所示。

1
2
3
4
5
6
7
8
9

41

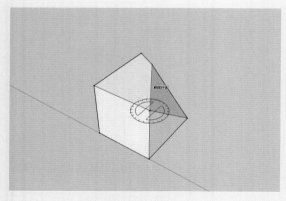

图 2—77

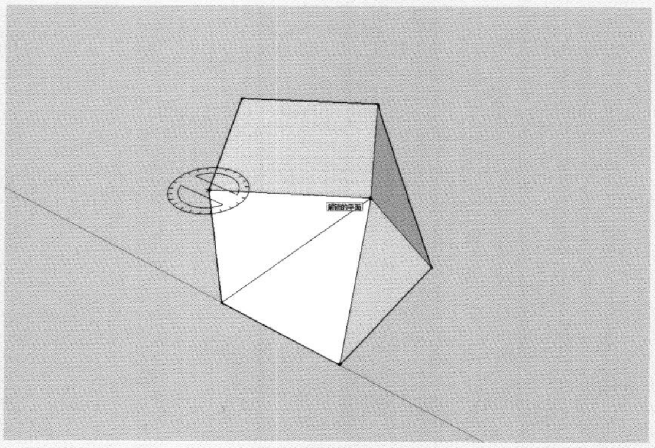

图 2—78

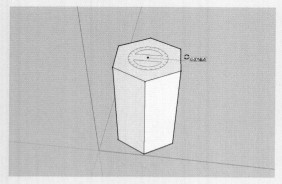

图 2—79

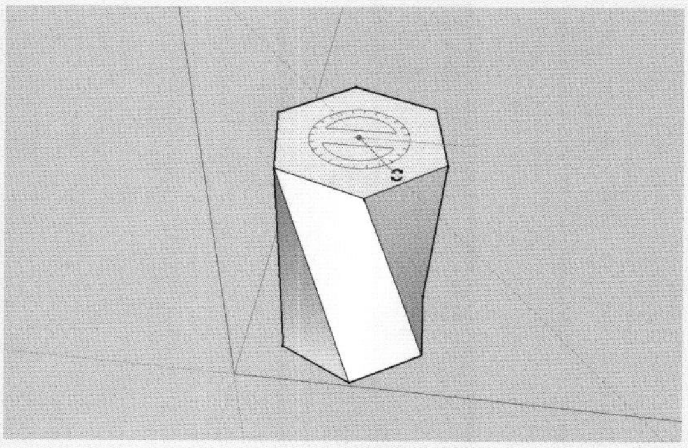

图 2—80

3. 旋转复制和环形复制

（1）旋转复制

和"移动"工具一样，选择要复制的实体后激活"旋转"工具，进行操作之前按下Ctrl键，此时移动旋转罗盘会出现一个"+"显示，并会出现一个完全相同的几何体，此后的操作与旋转几何体相同，如图2—81所示。

（2）环形复制

与线性阵列的操作很相似，旋转复制出一个副本后输入复制份数创建多个副本。例如，输入"*3"会复制3份。也可以输入一个等分值来等分副本到原物体之间

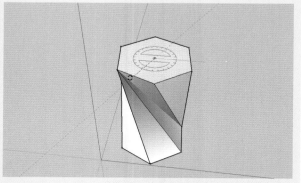

图 2—81

的距离。例如，输入"／3"会在原物体和副本之间创建3个副本。在进行其他操作之前，可以持续输入复制的份数和复制的角度用于比照和调整。

1）旋转复制。

2）输入旋转角度后按Enter键确认，如图2—82所示。

3）输入份数，按Enter键确认，如图2—83所示。

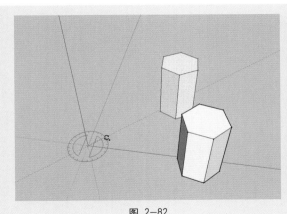

图 2-82

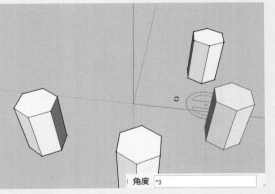

角度 *3

图 2-83

2.3.2 实例——创建落地灯 ▽

创建落地灯的操作步骤如下：

微课：
创建落地灯

01 结合"矩形"工具与"推／拉"工具创建一个边长为100mm的立方体，如图2-84和图2-85所示。

图 2-84

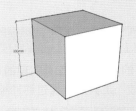

图 2-85

02 启用"推/拉"工具，然后按住Ctrl键并将顶部模型面向上以100mm复制，如图2-86所示。

03 在顶部模型面上快速双击重复推/拉复制操作6次，完成后模型效果如图2-87所示。

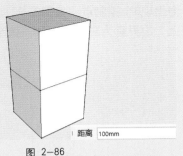

距离 100mm

图 2-86

图 2-87

04 启用"直线"工具捕捉顶点对角点创建一条辅助线，如图2-88所示。

05 选择第二层以上的所有模型(包括第二与第三层共用的平面与边线)，然后启用"旋转"工具。捕捉辅助线中点为旋转中心，最后通过输入将其顺时针旋转15°，如图2-89所示。

06 选择第三层以上的所有模型(包括第三与第四层共用的平面与边线)，然后启用"旋转"工具。捕捉辅助线中点为旋转中心，最后通过输入将其逆时针旋转15°，如图2-90所示。

07 重复类似操作调整模型效果至如图2-91所示。

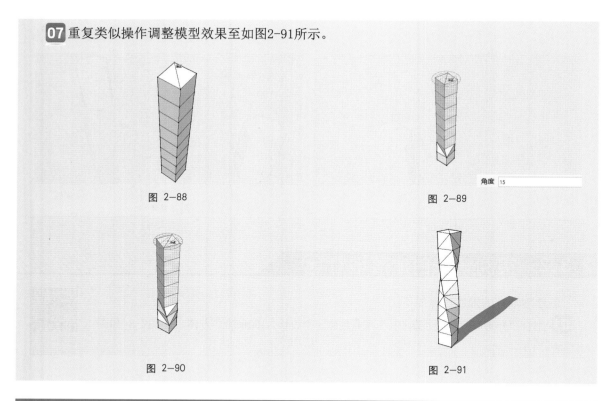

图 2-88

图 2-89

图 2-90

图 2-91

2.4　缩放操作

　　SkechUp中的"缩放"工具实现的是一种缩放操作，可以缩放或拉伸选中的组件或图形，使用方法是在激活"缩放"工具后，通过移动缩放夹点来调整所选项目的大小，不同的夹点支持不同的操作。

2.4.1　缩放模型

　　"缩放"工具可以缩放或拉伸选中的物体。建议先选中想要进行缩放操作的元素之后，再激活缩放工具进行缩放。如果直接激活缩放工具，则只能在一个元素上单击后进行缩放操作。

1. 控制点
1）缩放处于红／绿轴平面上的一个表面时，会出现8个控制点，如图2-92。
2）如果缩放的表面不在当前的红／绿轴平面上，边界盒为三维长方体，如图2-93。

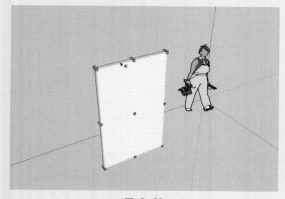

图 2-92

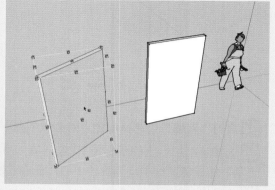

图 2-93

3）而三维物体则有26个控制点，如图2-94所示。

2．控制点缩放

不同的控制点支持不同的操作，数值控制框中显示缩放的数值。

（1）对角夹点

对角夹点可以沿所选几何体的对角方向缩放。默认行为是等比缩放，在数值控制框中显示一个缩放比例或尺寸。进行对角夹点缩放时，缩放工具显示为两个尾部相对的斜向箭头，如图2-95所示。

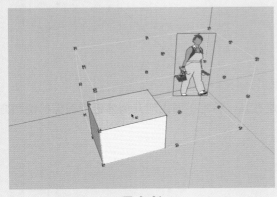

图 2-94

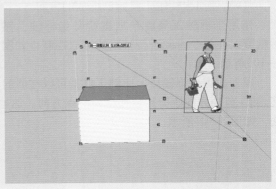

图 2-95

（2）边线夹点

边线夹点同时在所选几何体的对边的两个方向上进行缩放。默认行为是非等比缩放，物体将变形，如图2-96所示。进行边线夹点缩放时，缩放工具显示为4个尾部相对的十字箭头，如图2-97所示。

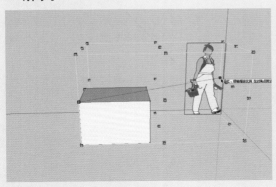

图 2-96

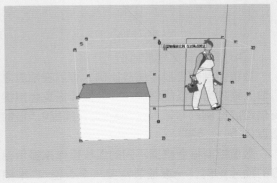

图 2-97

（3）表面夹点

表面夹点沿着与表面垂直的方向，上进行缩放。默认行为是非等比缩放，物体将变形，如图2-98所示。

3．缩放修改键

（1）Ctrl键：中心缩放

夹点缩放的默认行为是以所选夹点的对角夹点作为缩放的基点。可以在缩放的时候按住Ctrl键进行中心缩放，如图2-99所示。

（2）Shift键：切换等比／非等比缩放

在非等比缩放操作中，可以按住Shift键对整

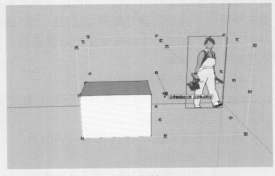

图 2-98

个几何体进行等比缩放而不是拉伸变形。同样，在使用对角夹点进行等比缩放时，也可以按住Shift键切换到非等比缩放。

（3）Ctrl+Shift

同时按住Ctrl和Shift键，可以切换到所选几何体的等比/非等比的中心缩放。

（4）使用坐标轴工具控制缩放的方向

先用坐标轴工具重新放置绘图坐标轴，然后就可以在各个方向进行精确的缩放控制，如图2-100所示。

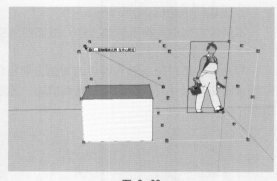

图 2-99

重新放置坐标轴后，比例工具就可以在新的红/绿/蓝轴方向进行定位和控制夹点方向。这也是在某一特定平面上对几何体进行镜像的便利方法，如图2-101所示。

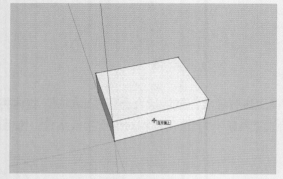

图 2-100

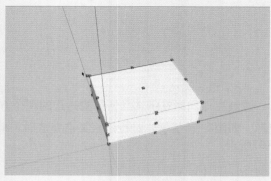

图 2-101

（5）输入多重缩放比例

数值控制框会显示缩放比例。可以在缩放之后输入缩放比例值或缩放尺寸。鼠标拖曳会捕捉整倍缩放比例（1.0、2.0 等）也会捕捉0.5倍的增量（0.5、1.5等）。

数值控制框会根据不同的缩放操作来显示相应的缩放比例。一维缩放需要一个数值；二维缩放需要两个数值，用逗号隔开；等比例的三维缩放只要一个数值就可以，但非等比的三维缩放需要三个数值，分别用逗号隔开（红，绿，蓝）如图2-102所示。缩放尺寸是基于整个边界盒的，而不是基于单个物体。

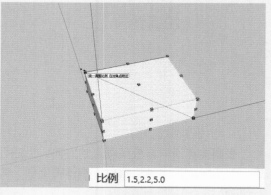

| 比例 | 1.5,2.2,5.0 |

图 2-102

4．几何体的扭曲与折叠

SketchUp的自动折叠功能会在所有的缩放操作中自动起作用，并根据需要生成折叠线。

（1）圆柱变圆台

圆柱变圆台如图2-103和图2-104所示。

（2）不规则变换

不规则变换如图2-105～图2-108所示。

（3）缩放表面自动折叠

缩放表面自动折叠如图2-109和图2-110所示。

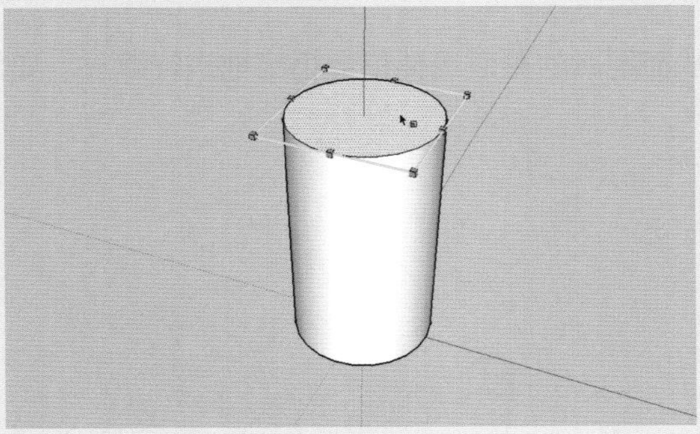

图 2-103

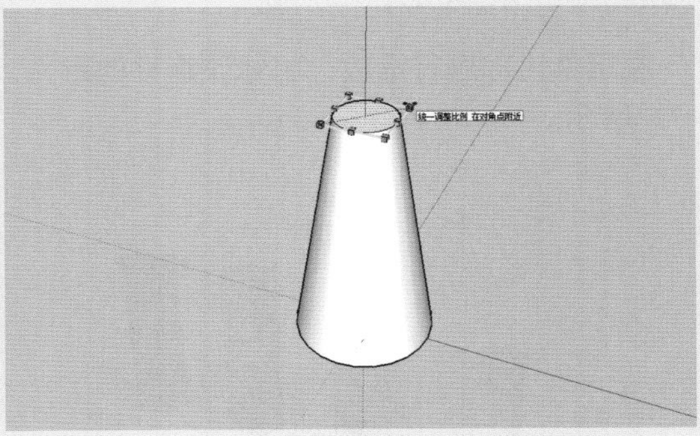

图 2-104

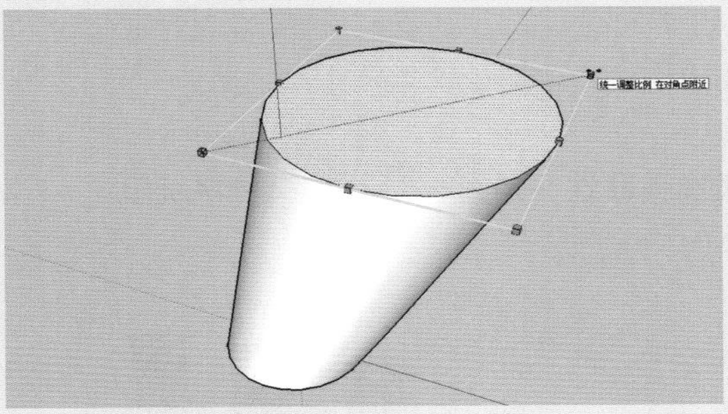

图 2-105

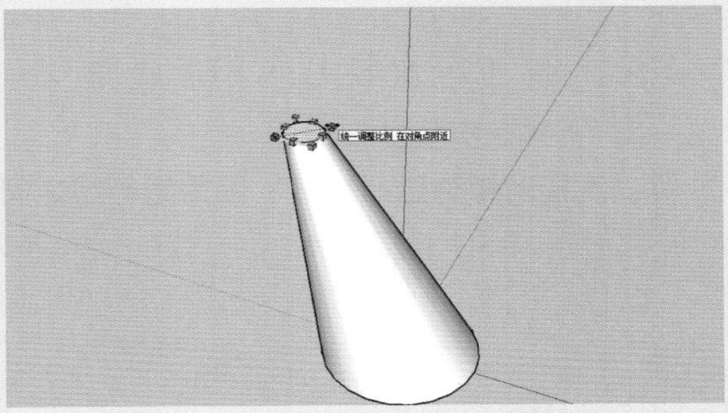

图 2-106

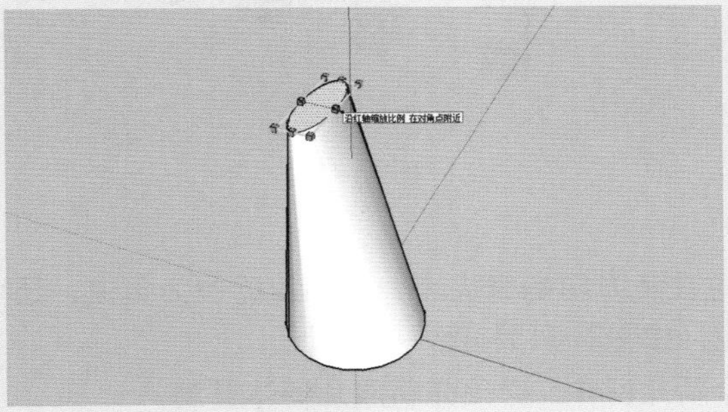

图 2-107

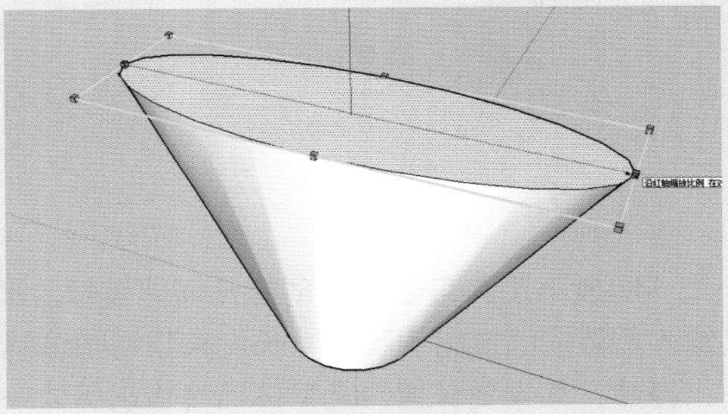

图 2-108

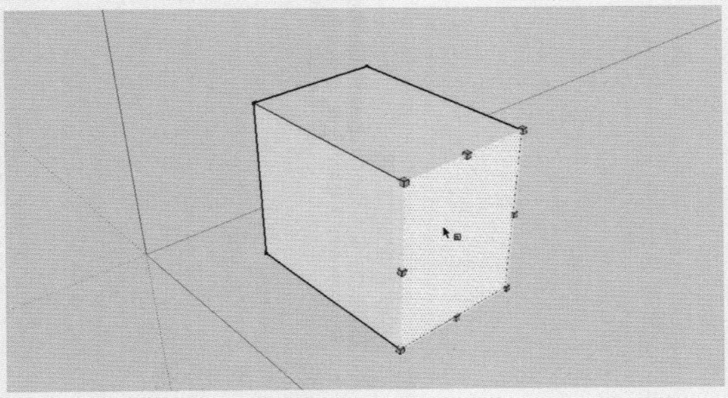

图 2-109

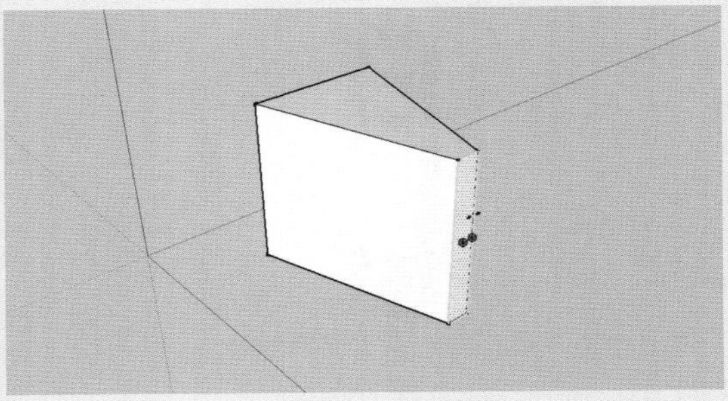

图 2-110

5. 缩放组件和组

（1）在组件外部进行缩放

在组件外对整个组件进行外部缩放并不会改变它的属性定义，只是缩放了该组件的一个关联组件而已，而该组件的其他关联组件保持不变。这样，可以在模型中得到同一组件的不同大小和形状的版本，如图2—111所示。

（2）在组件内部进行缩放

在组件内部进行缩放，将修改组件的定义，从而所有的关联组件都会相应地进行缩放，如图2—112所示。

图 2—111　　　　　　　　　　　　图 2—112

（3）直接对组件进行缩放

可以直接对组件进行缩放，因为组与组之间没有关联性，如图2—113和图2—114所示。

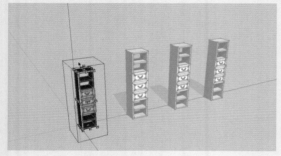

图 2—113　　　　　　　　　　　　图 2—114

6．镜像

"缩放"工具可以用来创建几何体镜像。通过往负方向拖曳夹点，使缩放比例为负值，还可以输入负值的缩放比例和尺寸长度来强制物体镜像，如图2—115和图2—116所示。

当然，如果要保留原几何体而镜像出另外一个新几何体，必须先将原几何体复制。

图 2—115　　　　　　　　　　　　图 2—116

7．补充说明

"缩放"工具可以缩放模型的一部分，而通过测量工具可以对整个模型进行全局缩放。

使用"缩放"工具可以缩放或缩放复制选中的物体。接下来讲解其常用的操作步骤。

1）选择要缩放的模型，然后启用"缩放"工具，此时选择的模型将出现缩放控制器，如图

2-117所示。

　　2）将鼠标指针放置于任意一个缩放控制夹点上方，此时将出现相关操作提示，直接用鼠标拖曳至如图2-118所示。

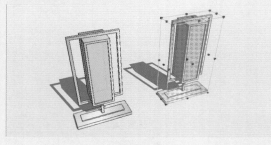

图 2-117　　　　　　　　　　　　　　　图 2-118

　　3）确认缩放控制点后单击鼠标左键确认，然后再拖动鼠标即可产生对应的缩放效果，如图2-119和图2-120所示。

图 2-119　　　　　　　　　　　　　　　图 2-120

2.4.2　实例——创建椭圆玻璃圆桌 ▽

创建椭圆玻璃圆桌的操作步骤如下：

01 启用"圆"工具绘制一个直径为1000mm的圆，如图2-121所示。

02 选择圆形将其沿红轴以0.65的比例缩小，调整出椭圆形态，如图2-122所示。

微课：
创建椭圆玻
璃圆桌

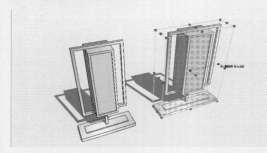

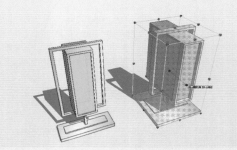

图 2-121　　　　　　　　　　　　　　　图 2-122

03 启用"推/拉"工具制作10mm厚度，如图2-123所示。

04 选择当前模型，然后将其沿"蓝轴"向上移动400mm确定好桌面高度，如图2-124所示。

05 参考椭圆大小创建一个矩形，如图2-125所示，然后捕捉中点并调整好与椭圆的相对位

1
2
3
4
5
6
7
8
9

置，如图2-126所示。

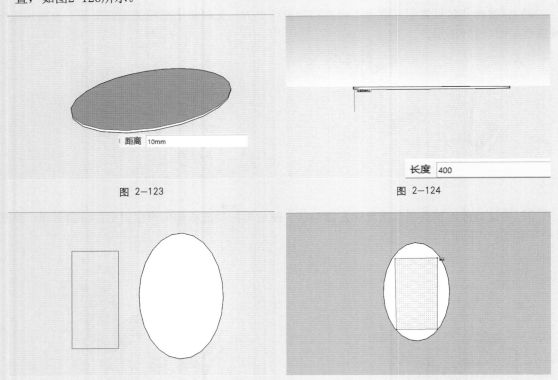

图 2-123　　　　　　　　　　　　　　　图 2-124

图 2-125　　　　　　　　　　　　　　　图 2-126

06 选择矩形，启用"缩放"工具并按住Ctrl键调整大小，如图2-127所示。

07 启用"推/拉"工具调整矩形高度，注意此时不要捕捉至顶面，以避免模型粘连影响后续的编辑，如图2-128所示。

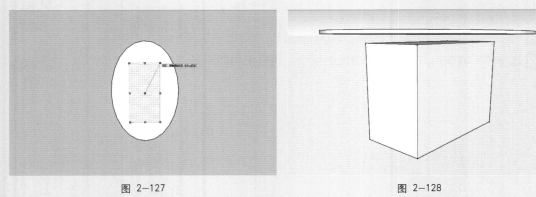

图 2-127　　　　　　　　　　　　　　　图 2-128

08 启用"推/拉"工具调整矩形厚度，如图2-129所示。

09 结合"矩形"与"推/拉"工具制作出金属支撑框，效果如图2-130所示。

10 切换到"顶视图" 并调整为"平行投影"模式，然后捕捉中点并对齐支撑框与桌面，如图2-131所示。

11 选择支撑框，启用"旋转"工具。捕捉椭圆中心点旋转45°，然后再按Ctrl键以90°复制一份，如图2-132所示。

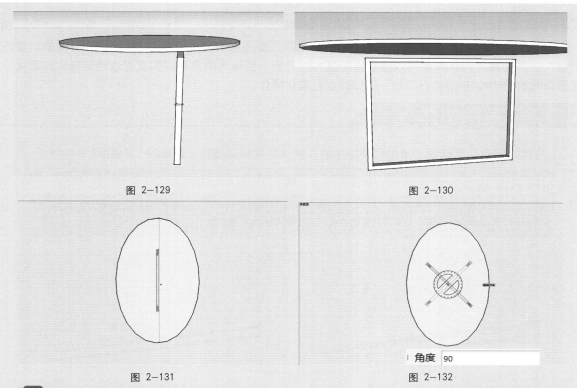

图 2-129

图 2-130

图 2-131

图 2-132

12 选择创建好的两个支撑枢，启用"缩放"工具，参考桌面大小调整长度与宽度，如图 2-133和图2-134所示。

13 支撑框整体大小调整完成后，启用"缩放"工具，选择支撑框顶部中心夹点向上捕捉桌面底部调整好高度，如图2-135所示。

14 模型制作完成后再处理好材质，完成最终效果如图2-136所示。

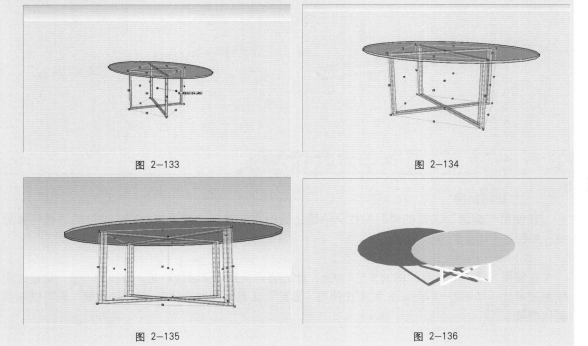

图 2-133

图 2-134

图 2-135

图 2-136

1
2
3
4
5
6
7
8
9

2.5　删除操作

使用"擦除"工具可以将指定的图形进行擦除。要注意的是，SketchUp擦除操作针对的对象是"线"。"擦除"工具不仅可以删除绘图区内的元素，更强大的是可以实现对边线的隐藏和柔化。配合Ctrl键和Shift键还能执行"线"的隐藏以及柔化操作。

2.5.1　擦除物体 ⊙

启用"擦除"工具 ✐，单击想要擦除的几何体即可将其擦除，如图2-137和图2-138所示。

> ● 技巧 提示
>
> 　　如果偶然选中了不想擦除的几何体，可以按Esc键取消这次擦除操作。如果要擦除大范围的多条边线，更好的方法是使用"选择"工具选择目标边线，然后按Delete键直接删除。

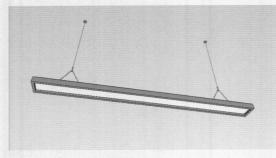

图 2-137

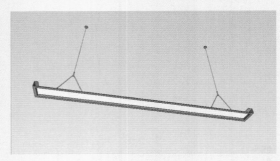

图 2-138

如果按住鼠标左键不放，然后在需要擦除的物体上拖曳，此时被选中的物体会呈高亮显示，松开鼠标左键即可全部擦除，如图2-139和图2-140所示。

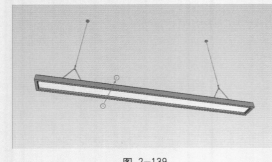

图 2-139

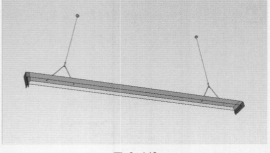

图 2-140

2.5.2　隐藏边线和柔化边线 ⊙

（1）隐藏边线

在使用"擦除"工具的同时按住Shift键，此时将切换到隐藏边线功能，掠过的边线将被隐藏，如图2-141所示。

（2）柔化边线

在使用"擦除"工具的同时按住Ctrl键，此时将切换到柔化边线功能，按住Shift键，掠过的边线将被柔化，如图2-142所示。如果在使用"擦除"工具的同时按住Ctrl键和Shift键，则可以取消柔化效果。

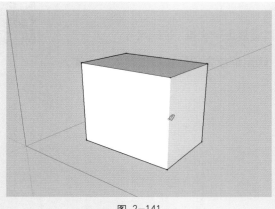
图 2-141

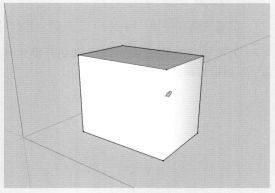
图 2-142

（3）隐藏与柔化后的查看与还原

在勾选"隐藏物体"的模式下可以看到被隐藏和柔化的线条，进而对这些线条进行正常的编辑。"隐藏物体"模式下激活"选择"工具选中线条并右键可对其进行"显示"与"取消柔化"等操作。在此模式下激活"擦除"工具同时按住Ctrl+Shift键并掠过线条，也可以取消对边线的柔化，但不能取消隐藏，如图2-143和图2-144所示。

图 2-143

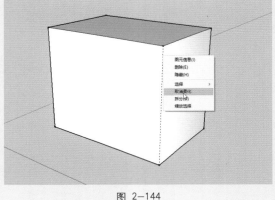
图 2-144

（4）特殊情况

对多个面（两个面以上）共用的边线进行柔化后，其显示出的效果与隐藏相同，但实际上是这条共用的边线已经被柔化了。

2.6 知识与技能梳理

SketchUp是一款对模型对象进行操作的软件，即首先创建简单的模型，然后选择模型进行深入细化等后续工作，因此在工作中能否快速、准确地进行模型地控制，对工作效率有着很大的影响。

❯重要工具：移动工具、旋转工具、缩放工具。

❯核心技术：移动复制、精确缩放和旋转。

❯实际运用：将创建的图形进行编辑操作。

2.7 课后练习

一、选择题（共4题），请扫描二维码进入即测即评。

二、简答题

1．简要说明在使用"推／拉"工具时，怎样可以重复上一次推／拉的尺寸。

2.7 课后练习

2．简要说明使用缩放工具对物体进行缩放时，确定缩放方向后在数值输入框中输入什么可以镜像对象。

Chapter **3**

图形和模型的创建

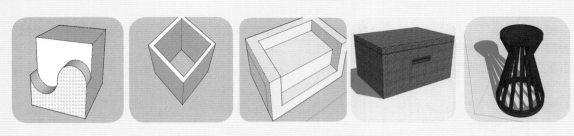

　　在初步了解SketchUp的工作界面后，接下来学习最基础的绘图操作，其中包括绘图工具、编辑工具、建筑施工工具等的使用方法与应用技巧。通过本章内容的学习，读者可以熟练掌握这些工具的使用方法，并能够准确地绘制出想要的图形。

	知识点　　　　　　　　　　学习目标	了解	掌握	应用	重点知识
学习要求	基本绘图工具				🚩
	面的推/拉		🚩		
	图形的路径跟随				🚩
	图形的偏移复制		🚩		

3.1 图形的创建与编辑

"不积跬步，无以至千里。"在使用SketchUp进行方案创作之前，一定要熟练掌握SketchUp的基本工具和命令。本章讲解图形的基本创建和编辑命令，希望读者结合配套的微课视频教程，认真学习各工具，完成每一个案例。

3.1.1 "线条"工具 ▽

SketchUp的"绘图"工具栏中包含了"手绘""线条""矩形""圆形""多边形""圆弧"和"扇形"等共10种二维图形绘制工具，如图3-1所示。

图 3-1

使用"线条"工具可以画单段直线、多段连接线或者闭合的形体，也可以用来分割表面或修复被删除的表面。使用线条工具能快速准确地画出复杂的三维几何体。

（1）绘制直线

激活"线条"工具，单击确定直线段的起点，往画线的方向移动鼠标。此时在数值控制框中会动态显示线段的长度。可以在确定线段终点之前或者画好线后，从键盘输入一个精确的线段长度；也可以单击线段起点后，按住鼠标不放，拖曳，在线段终点处松开，也能画出一条线来，如图3-2所示。

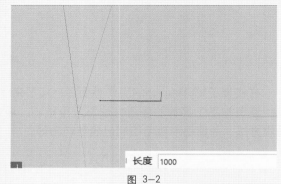

长度 1000

图 3-2

（2）创建表面

三条以上的共面线段首尾相连，可以创建一个表面。当然，必须确定所有的线段都是首尾相连的，在闭合一个表面的时候，便会看到"端点"的参考工具提示。创建一个表面后，直线工具就空闲出来了，但还处于激活状态，此时就可以开始画别的线段，如图3-3和图3-4所示。

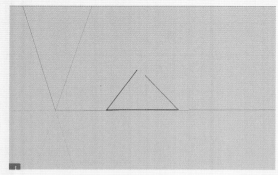

图 3-3

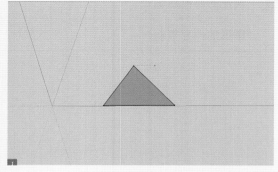

图 3-4

（3）分割线段

如果在一条线段上开始画线，SketchUp会自动把原来的线段从交点处断开。例如，要把一条线分为两半，就从该线的中点处画一条新的线，再次选择原来的线段，便会发现它被等分为两段，如图3-5和图3-6所示。

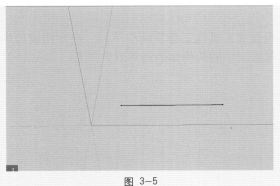

图 3-5 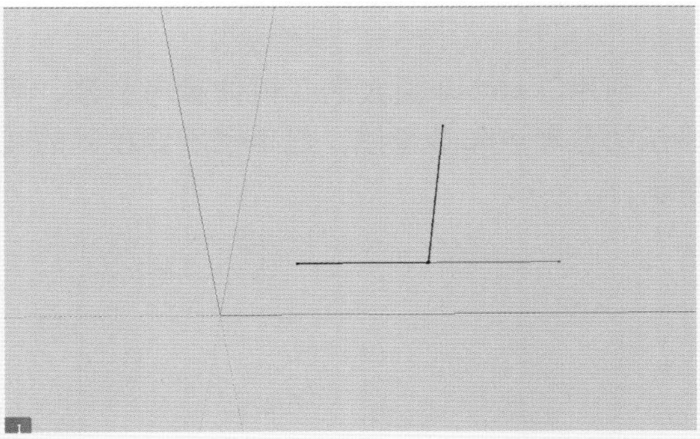　　　　　　　　　　　　　　　　　图 3-6

（4）分割表面

要分割一个表面，只要画一条端点在表面周长上的线段即可。

有时候，交叉线不能按设计者的需要进行分割。在打开轮廓线的情况下，所有不是表面周长一部分的线都会显示为较粗的线。如果出现这种情况，用线条工具在该线上描一条新的线来进行分割，SketchUp会重新分析几何体并重新整合这条线，如图3-7和图3-8所示。

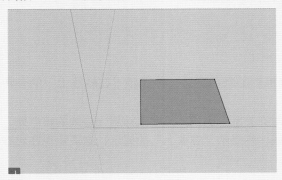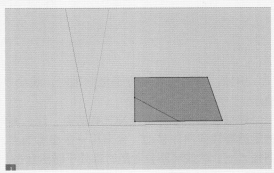

图 3-7　　　　　　　　　　　　　　　　　图 3-8

（5）直线段的精确绘制

画线时，绘图窗口右下角的数值控制框中会以默认单位显示线段的长度。此时可以输入数值。

输入长度值：输入一个新的长度值，按Enter键确定。如果只输入数字，SketchUp会使用当前文件的单位设置。也可以为输入的数值指定单位，例如英制的（2'21"）或者公制的（5.526m），SketchUp会自动换算。

输入三维坐标：除了输入长度，SketchUp还可以输入线段终点的准确空间坐标。

·绝对坐标：用中括号输入一组数字，表示以当前绘图坐标轴为基准的绝对坐标，格式为[x，　y，　z]，如图3-9所示。

> 长度　8.9.11

图 3-9

·相对坐标：可以用尖括号输入一组数字，表示相对于当前位置的线段起点的坐标。格式为<x，　y，　z>，x、y、z是相对于线段起点的距离，如图3-10所示。

> 长度　<10,14,20>

图 3-10

(6) 利用参考来绘制直线段

利用SketchUp强大的几何体参考引擎，可以用直线工具在三维空间中绘制。在绘图窗口中显示的参考点和参考线，显示了所要绘制的线段与模型中的几何体的精确对齐关系，如图3-11所示。

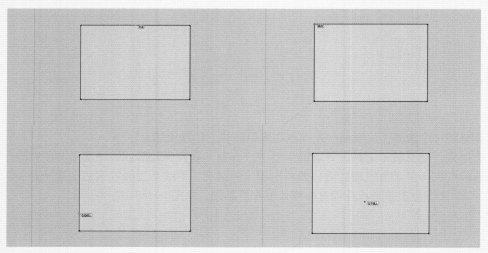

图 3-11

例如，要画的线平行于坐标轴时，线会以坐标轴的颜色亮显，并显示"在轴线上"的参考提示。

还可以利用参考显示与已有的点、线、面的对齐关系。例如，移动鼠标到一边线的端点处，然后沿着轴向向外移动，会出现一条参考的点、线，并显示"在点上"的提示。这表示现在对齐到端点上。这些辅助参考随时都处于激活状态。

(7) 参考锁定

有时，SketchUp不能捕捉到用户所需要的对齐参考点。捕捉的参考点可能受到别的几何体的干扰。这时，可以按住Shift键来锁定需要的参考点。例如，如果移动鼠标到一个表面上，等显示"在表面上"的参考工具提示后，按住Shift键，则以后画的线就锁定在这个表面所在的平面上。

3.1.2 实例——绘制城市轮廓背景 ⊙

用直线绘制城市轮廓背景的操作步骤如下：

01 启动SketchUp，然后打开智慧职教网站本课程中的"Chapter3\场景文件\城市轮廓背景.skp"，如图3-12所示。

微课：
绘制城市轮廓背景

02 执行"窗口"→"模型信息"菜单命令，然后在弹出的"模型信息"对话框的"单位"选项卡中调整好单位为mm，"精确度"为1mm，如图3-13所示。

03 切换至"顶视图"并调整为"平行投影"模式，如图3-14所示。

04 启用"直线"工具参考图纸绘制左侧的垂直轮廓线，注意此时为了保证线段笔直按住光标调整至"绿轴"，为保证后续线段共面，等出现"在平面上，在图像中"的提示后按住Shift键锁定，如图3-15所示。

图 3-12

图 3-13

图 3-14

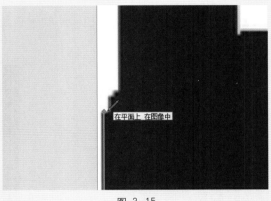

图 3-15

05 接下来再通过类似方式绘制好水平线并同样保证共面，如图3-16所示。

06 用类似方式绘制相关线段，如图3-17所示。

图 3-16

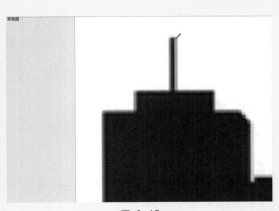

图 3-17

07 向下绘制建筑天线时，注意将图标向下垂直移动至与左侧底部水平位置时会出现虚线提示，此时单击即可绘制一段等长的垂直线段，如图3-18所示。

08 继续绘制线段至如图3-19所示。接下来讲解切角线的绘制技巧。

1
2
3
4
5
6
7
8
9

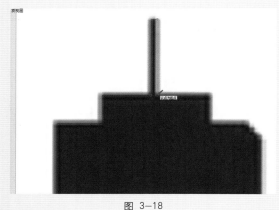

图 3-18

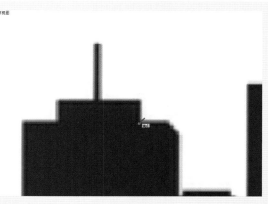

图 3-19

09 按住Shift键参考右侧边缘绘制水平线段，然后再向下绘制垂直线段，如图3-20和图3-21所示。

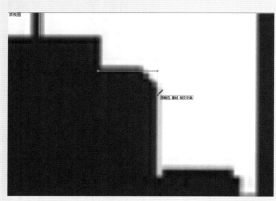

图 3-20

图 3-21

10 在水平线段参考底图绘制切角线起点，然后注意将图标在垂直线段上移动，待线段变为彩色时单击确定端点，此时连接线与原有两条线段构成一个等腰直角三角形，如图3-22和图3-23所示。

图 3-22

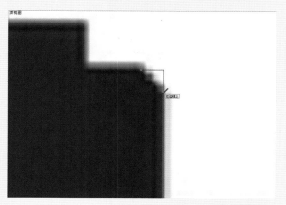

图 3-23

11 删除多余线段即生成了如图3-24所示的效果。接下来再继续参考底图绘制线段效果至如图3-25所示。

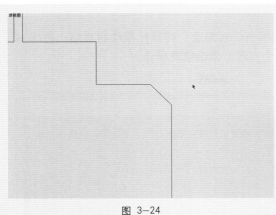

图 3-24

图 3-25

12 继续参考底图绘制出城市轮廓的封闭图形，如图3-26所示。

13 选择背景图按住Delete键删除，最终效果如图3-27所示。

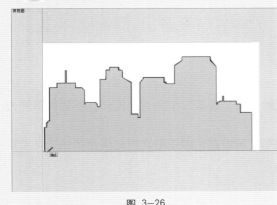

图 3-26

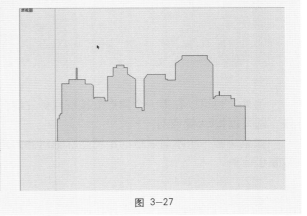

图 3-27

3.1.3　"矩形"工具 ▽

"矩形"工具通过指定矩形的对角点来绘制矩形表面。

（1）绘制矩形

激活"矩形"工具，单击确定矩形的第一个角点，移动鼠标到矩形的对角点，再次单击完成，如图3-28和图3-29所示。

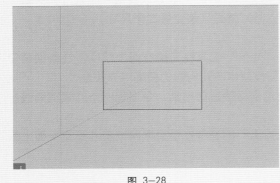

图 3-28

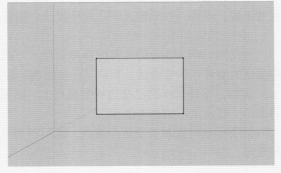

图 3-29

（2）绘制方形

激活"矩形"工具，单击鼠标左键，从而创造第一个对角点，将鼠标移动到对角，将绘制一条有端点的线条。使用"方形"工具将会创建出一个方形，单击结束操作。

● 技巧 提示

在创造黄金分割和正方形的时候，将会出现一条有端点的线和"黄金分割"与"正方形"的提示，如图3-30和图3-31所示。

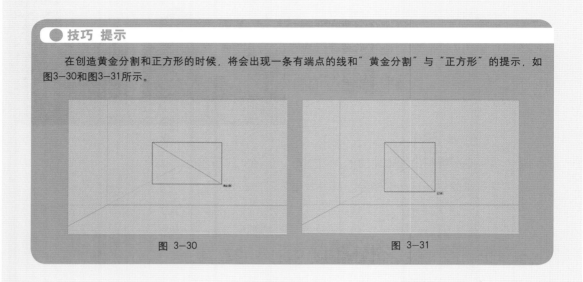

图 3-30   图 3-31

另外，也可以在第一个角点处按住鼠标左键开始拖曳，在第二个角点处松开。不管用哪种方法，都可以按Esc键取消。

如果想画一个不与默认的绘图坐标轴对齐的矩形，可以在绘制矩形之前先用坐标轴工具重新放置坐标轴。

（3）输入精确的尺寸

绘制矩形时，它的尺寸在数值控制框中动态显示。可以在确定第一个角点后，或者刚画好矩形之后，通过键盘输入精确的尺寸，如图3-32所示。

尺寸　200,200

图 3-32

如果只是输入数字，SktechUp会使用当前默认的单位设置。也可以为输入的数值指定单位，例如英制的（2'3"）或者公制的（5.132m）。

可以只输入一个尺寸：如果输入一个数值和一个逗号（3', ）表示改变第一个尺寸，第二个尺寸不变；同样，如果输入一个逗号和一个数值（, 3'）就是只改变第二个尺寸。

（4）利用参考来绘制矩形

利用SketchUp强大的几何体参考引擎，可以用"矩形"工具在三维空间中绘制。在绘图窗口中显示的参考点和参考线，显示了所要绘制的线段与模型中的几何体的精确对齐关系。

例如，移动鼠标到已有边线的端点上，然后再沿坐标轴方向移动，会出现一条点式辅助线，并显示"在点上"的参考提示。

这表示当前正对齐于这个端点。也可以用"在点上"的参考在垂直方向或者非正交平面上绘制矩形。

3.1.4 实例——创建矩形 ▽

1.创建立面矩形

创建立面矩形的操作步骤如下：

01 单击"矩形"工具，绘图区鼠标左键确定矩形的第一个角点，此时如果绘制第二点通过会生成位于Oxy平面的矩形，即"躺"在地面上的矩形，如图3-33所示。

02 如果要绘制立起来的矩形，可以按住鼠标中键将视图旋转到对应平面，比如Oyz平面（绿轴与蓝轴组成的平面），如图3-34所示。

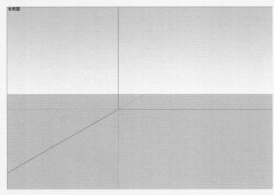

图 3-33

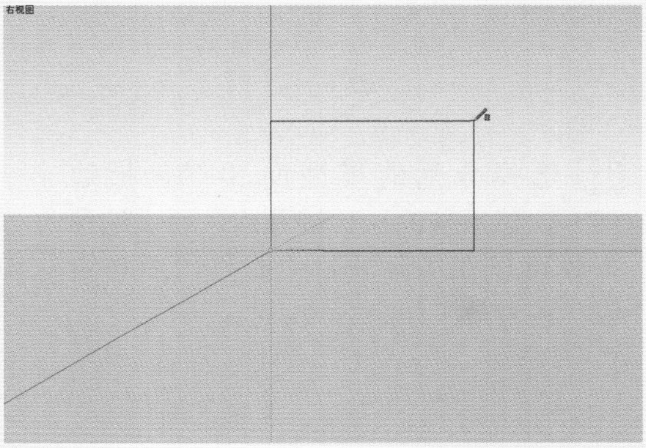

图 3-34

03 旋转完成后松开鼠标中键，此时再移动鼠标即可发现生成了对应平面的矩形。接着将视图旋转到Oyz平面，并单击鼠标左键，将完成平行于x轴的竖向平面，如图3-35所示。

04 确定好位置后单击鼠标左键此时即生成了平行于y轴的竖向矩形平面，如图3-36所示。

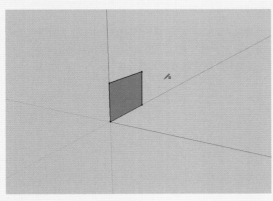

图 3-35

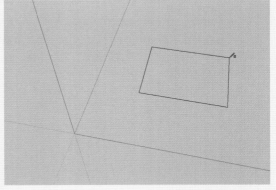

图 3-36

2.创建分割矩形

创建分割矩阵的操作步骤如下：

01 打开智慧职教网站本课程中的"Chapter3\实例文件\创建分割矩形.skp"，其为一个封闭的长方形，如图3-37所示。

02 单击"矩形"工具，然后在长方形表面创建矩形即可分割出平面，如图3-38所示。

微课：
创建分割矩形

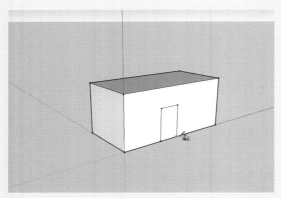

图 3-37

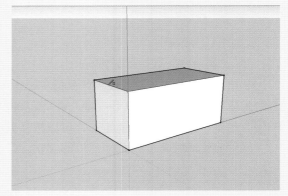

图 3-38

03 选择分割的模型面（不包括边线），然后按Delete键删除。通过这种操作可以在实际项目中制作门洞与窗洞，参考效果如图3-39所示。

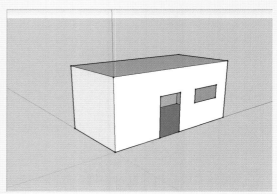

图 3-39

● **技巧 提示**

在使用鼠标绘制矩形的时候，如果在工具图形下方出现"正方形"提示，则说明此时绘制的为正方形，如图3-40所示；如果出现的是"黄金分割"的提示，则说明此时绘制的为长宽比值约为1:0.618的矩形，如图3-41所示。

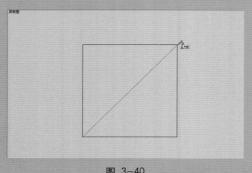

图 3-40

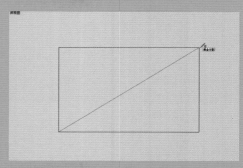

图 3-41

3.1.5　"圆形"工具 ▼

"圆形"工具用于绘制圆实体。"圆形"工具可以从工具菜单或绘图工具栏中激活。

(1) 画圆

激活"圆形"工具。在鼠标指针处会出现一个圆，如果要把圆放置在已经存在的表面上，可以将鼠标移动到那个面上，SketchUp会自动把圆对齐上去。注意不能锁定圆的参考平面（如果没有把圆定位到某个表面上，SketchUp会依据视图，把圆创建到坐标平面上）。也可以在数值控制框中指定圆的片段数，确定方位后，再移动鼠标到圆心所在位置，单击确定圆心位置。这也将锁定圆的定位，从圆心往外移动鼠标来定义圆的半径。半径值会在数值控制框中动态显示，可以从键盘上输入一个半径值，按Enter键确定，如图3—42和图3—43所示。

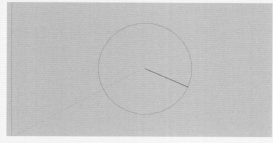

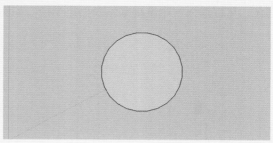

图 3—42　　　　　　　　　　　　　图 3—43

再次单击鼠标左键结束画圆命令（另外，可以在单击确定圆心后，按住鼠标不放，拖出需要的半径后再松开即可完成画圆）。画好圆之后，圆的半径和片段数都可以通过数值控制框进行修改。

(2) 指定精确的数值

画圆的时候，它的值在数值控制框中动态显示，数值控制框位于绘图窗口的右下角。可以在这里输入圆的半径和构成圆的片段数。

指定半径：确定圆心后，可以直接在键盘上输入需要的半径长度并按Enter键确定。输入时可以使用不同的单位（例如，系统默认使用公制单位，而输入了英制单位的尺寸(3'6")，SktechUp会自动进行换算）。也可以在画好圆后再通过输入数值来重新指定半径。

指定片段数：刚激活"圆"工具，还没开始绘制时，数值控制框显示的是"边"。这时可以直接输入一个片段数。

一旦确定了圆心后，数值控制框显示的是"半径"。这时直接输入的数就是半径。如果要指定圆的片段数，应该在输入的数值后加上字母 "s"，如图3—44所示。

半径 | 320s

图 3—44

● 技巧 提示

如果在创建过程中没有考虑到分段，也可以在圆创建完成后，在其上方右键快捷菜单中执行"图元信息"命令，然后在"图元信息"对话框中修改圆的"段"等参数，如图3—45所示。当然，也可以通过这种方式修改其他图形的参数。

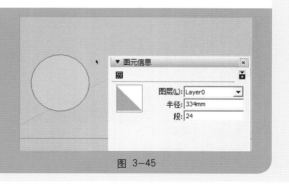

图 3—45

1
2
3
4
5
6
7
8
9

3.1.6 "多边形"工具 ▼

使用"多边形"工具可以绘制3～100条边的外接圆的正多边形实体。"多边形"工具可以从工具菜单或绘图工具栏中激活。

（1）绘制多边形

激活"多边形"工具，在鼠标指针下出现一个多边形。如果想把多边形放在已有的表面上，可以将鼠标移动到该面上，SketchUp会进行捕捉对齐。注意不能给多边形锁定参考平面（如果没有把鼠标定位在某个表面上，SketchUp会根据视图在坐标轴平面上创建多边形）。可以在数值控制框中指定多边形的边数，平面定位后，移动鼠标到需要的中心点处，单击确定多边形的中心。同时也锁定了多边形的定位。向外移动鼠标来定义多边形的半径。半径值会在数值控制框中动态显示，可以输入一个准确数值来指定半径，如图3-46和图3-47所示。

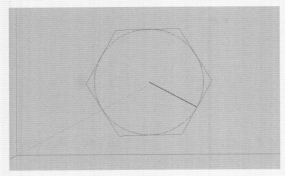

图 3-46

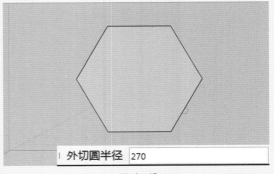

图 3-47

再次单击完成绘制（也可以在单击确定多边形中心后，按住鼠标左键不放进行拖曳，拖出需要的半径后，松开鼠标完成多边形绘制）。画好多边形后，马上在数值控制框中输入数值，可以改变多边形的外接圆半径和边数。

（2）输入精确的半径和边数

输入边数：刚激活"多边形"工具时，数值控制框显示的是边数，也可以直接输入边数。在绘制多边形的过程中或画好之后，数值控制框显示的是半径。如果此时还想输入边数，则要在输入的数字后面加上字母"s"（例如，"8s"表示八角形）。指定好的边数会保留给下一次绘制，如图3-48所示。

输入半径：确定多边形中心后，就可以输入精确的多边形外接圆半径。可以在绘制的过程中和绘制好以后对半径进行修改，如图3-49所示。

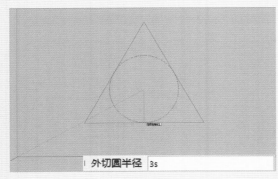

图 3-48

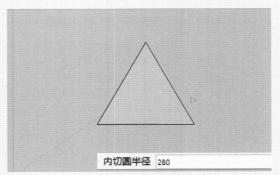

图 3-49

3.1.7　实例——绘制五角星

用"多边形"工具绘制五角星的操作步骤如下：

01 激活"多边形"工具 ，此时鼠标指针将变成 ，接下来在绘图区单击确定多边形的中心，如图3-50所示。

02 默认设置下为正六边形绘制，此时可以直接输入"5s"并按Enter键，将切换至五边形绘制，鼠标指针也调整为对应的 ，如图3-51所示。

03 通过鼠标单击或是数值输入，再按Enter键确认好多边形外接圆半径，确定完成后即可绘制一个对应大小的正五边形，如图3-52所示。

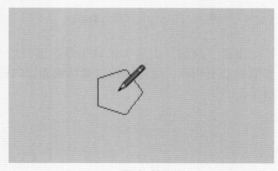

图 3-50

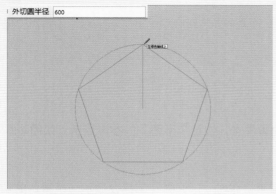

图 3-51

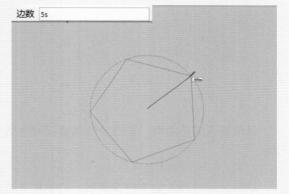

图 3-52

04 启用"直线"工具 捕捉各顶点进行五角星形状的边线绘制，如图3-53所示。

05 通过鼠标单击或是数值输入，再按Enter键确认好多边形外接圆半径，确定完成后即可绘制一个对应大小的正五边形，如图3-54所示。

微课：
绘制五角星

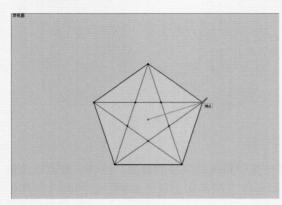

图 3-53

图 3-54

3.1.8 "圆弧"工具 ▼

"圆弧"工具适用于绘制圆弧实体，圆弧是由多个直线段连接而成的，但可以像圆弧曲线那样进行编辑。

(1) 绘制圆弧

激活"圆弧"工具 ⌀，单击确定圆弧的起点，再次单击确定圆弧的终点，移动鼠标调整圆弧的凸出距离。也可以输入确切的圆弧的弦长、凸距、半径、片段数、如图3-55和图3-56所示。

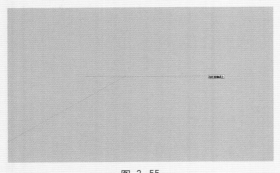

图 3-55   图 3-56

(2) 画半圆

调整圆弧的凸距时，圆弧会临时捕捉到半圆的参考点。注意"半圆"的参考提示，如图3-57所示。

(3) 画相切的圆弧

从开放的边线端点开始画圆弧，在选择圆弧的第二点时，"圆弧"工具会显示一条青色的切线圆弧。点取第二点后，可以移动鼠标打破切线参考并设定凸距。如果要保留切线圆弧，只要在点取第二点后不要移动鼠标并再次单击确定，如图3-58所示。

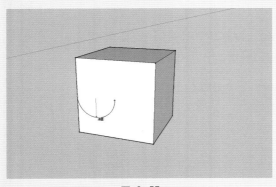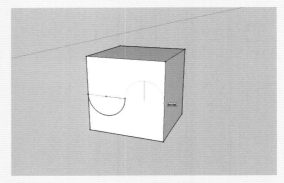

图 3-57   图 3-58

(4) 挤压圆弧

利用"推／拉"工具，像拉伸普通的表面那样拉伸带有圆弧边线的表面。拉伸的表面成为圆弧曲面系统。虽然曲面系统像真的曲面那样显示和操作，但实际上是一系列平面的集合，如图3-59和图3-60所示。

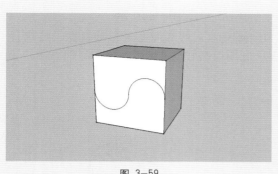

图 3-59　　　　　　　　　　　　　　图 3-60

（5）指定精确的圆弧数值

画圆弧时，数值控制框首先显示的是圆弧的弦长，然后是圆弧的凸出距离（凸距）。输入数值来指定弦长和凸距。圆弧的半径和片段数的输入需要专门的输入格式。若只输入数字，SketchUp会使用当前文件的单位设置，也可以为输入的数值指定单位。

指定弦长：点取圆弧的起点后，就可以输入一个数值来确定圆弧的弦长。可以输入负值（-1'6"），表示要绘制的圆弧在当前方向的反向位置，但必须在单击确定弦长之前指定弦长。

指定凸出距离：输入弦长以后，还可以再为圆弧指定精确的凸距或半径。

输入凸距值，按Enter键确定。只要数值控制框显示"凸距"，就可以指定凸距。负值的凸距表示圆弧往反向凸出。

指定半径：可以指定半径来代替凸距。要指定半径，必须在输入的半径数值后面加上字母"r"，（例如23r 或 3'6"r 或 5mr），然后按Enter键。可以在绘制圆弧的过程中或画好以后输入。

指定片段数：要指定圆弧的片段数，可以输入一个数字，在后面加上字母"s"并按Enter键。可以在绘制圆弧的过程中或画好以后输入。

3.1.9　实例——创建心形图形

创建心形图形的操作步骤如下：

01　启动SketchUp，然后打开智慧职教网站本课程中的"Chapter3 \ 场景文件 \ 心形图形.skp"。图3-61所示为一个心形图形。

02　切换至"顶视图" 并注意调整为"平行投影"模式，如图3-62所示。

微课：
创建心形图形

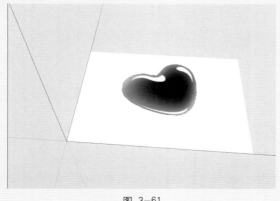

图 3-61

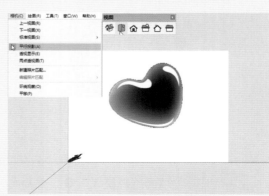

图 3-62

1
2
3
4
5
6
7
8
9

03 启用"直线"工具 ✐ 参考底图快速绘制一个封闭图形，如图3-63所示。

04 启用"圆弧"工具 ◠，捕捉直线端点作为圆弧端点，然后向图形移动鼠标，待出现"在平面上"后按住Shift键锁定，最后向外参考底图绘制好该处圆弧，如图3-64~图3-66所示。

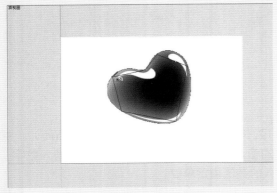

图 3-63

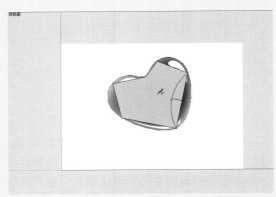

图 3-64

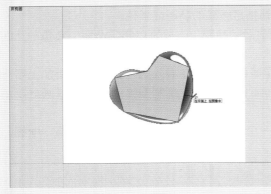

图 3-65

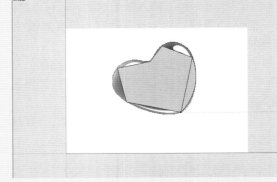

图 3-66

05 类似方式绘制好其他位置的圆弧效果，如图3-67和图3-68所示。

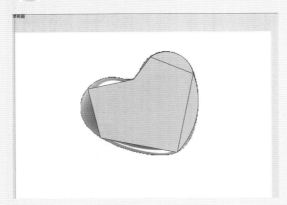

图 3-67

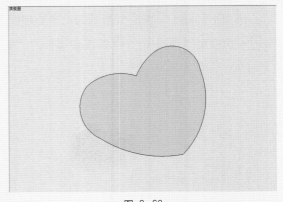

图 3-68

06 切换至"X光透视模式" ◗，然后再次启用"圆弧"工具结合"顶点切线"的提示处理好上部圆弧连接处圆滑度，如图3-69~图3-72所示。

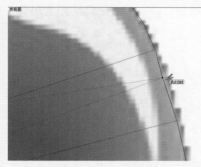

图 3—69

图 3—70

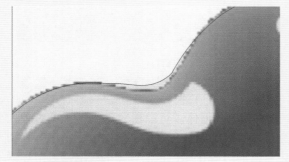

图 3—71

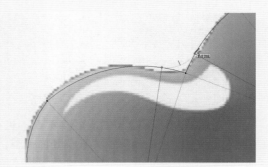

图 3—72

07 启用"直线"工具 ✏ 参考底图快速绘制一个封闭图形，如图3-73所示。

08 启用"圆弧"工具 ⌒，捕捉直线端点作为圆弧端点，然后向图形移动鼠标，待出现"在平面上"后按住Shift键锁定，最后向外参考底图绘制好该处圆弧，如图3-74所示。

图 3—73

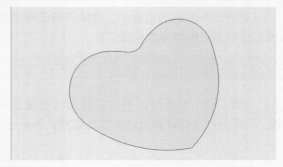

图 3—74

3.1.10 "手绘"工具 ▽

"手绘"工具允许以多义线曲线来绘制不规则的共面的连续线段或简单的徒手草图物体，在绘制等高线或有机体时很有用。

（1）绘制多义线曲线

激活"手绘"工具，在起点处按住鼠标左键，然后拖动鼠标进行绘制，松开鼠标左键结束绘制。

用"手绘"工具绘制闭合的形体，只要在起点处结束线条绘制，SketchUp会自动闭合形体，如图3-75和图3-76所示。

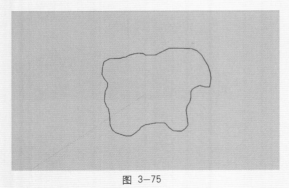

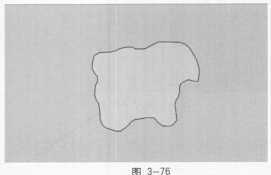

图 3-75　　　　　　　　　　　　　　　　　　图 3-76

（2）绘制曲线

手绘草图物体不能产生捕捉参考点，也不会影响其他几何体。可以用"手绘"工具对导入的图像进行描图，勾画草图，或者装饰模型。要创建手绘草图物体，在用"手绘"工具进行绘制之前先按住Shift键即可。要把手绘草图物体转换为普通的边线物体，只须在它的关联菜单中选择"炸开"命令。

3.2　模型的创建与编辑

在进行二维图形的创建后，开始进行三维模型的创建与编辑，"推/拉"工具是SketchUp中将二维图形转换为三维模型的关键工具。

3.2.1　"推/拉"工具

"推/拉"工具可以用来扭曲和调整模型中的表面，可以用来移动、挤压、结合和减去表面，不管是进行体块研究还是精确建模，都是非常有用的。

（1）使用推/拉

激活"推/拉"工具后，有两种使用方法可以选择：在表面上按住鼠标左键，拖曳，松开；或者在表面上单击，移动鼠标，再单击确定。

根据几何体的不同，SketchUp会进行相应的几何变换，包括移动挤压或挖空。"推/拉"工具可以完全配合SketchUp的捕捉参考进行使用。

输入精确的推/拉值：推/拉值会在数值控制框中显示。可以在推拉的过程中或推拉之后，输入精确的推拉值进行修改。在进行其他操作之前可以一直更新数值，也可以输入负值，表示往当前的反方向推/拉。

（2）用推/拉来挤压表面

"推/拉"工具的挤压功能可以用来创建新的几何体。可以用"推/拉"工具对几乎所有的表面进行挤压（不能挤压曲面），如图3-77和图3-78所示。

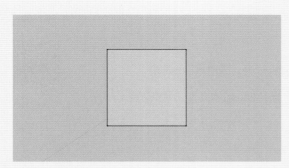

图 3-77

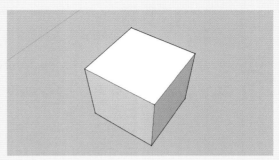

图 3-78

（3）重复推/拉操作

完成一个推/拉操作后，可以通过鼠标双击对其他物体自动应用同样的推/拉操作数值。

（4）用推/拉来挖空

如果在一面墙或一个长方体上画了一个闭合形体，用"推/拉"工具往实体内部推拉，可以挖出凹洞；如果前后表面相互平行，则可以将其完全挖空，SketchUp会减去挖掉的部分，重新整理三维物体，从而挖出一个空洞，如图3-79和图3-80所示。

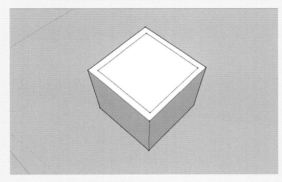

图 3-79

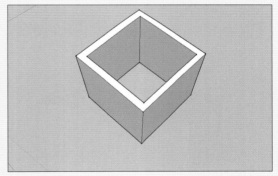

图 3-80

（5）使用"推/拉"工具垂直移动表面

使用"推/拉"工具时，可以按住Alt键强制表面在垂直方向上移动。这样可以使物体变形，或者避免不需要的挤压，同时会屏蔽自动折叠功能，如图3-81和图3-82所示。

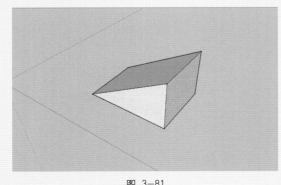

图 3-81

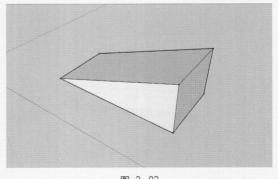

图 3-82

3.2.2 实例——创建收纳箱 ⊙

创建收纳箱的操作步骤如下：

01 用"矩形"工具 ▧ 绘制一个300mm×300mm的矩形，如图3-83所示。

02 启用"推/拉"工具 ◆ 将上一步绘制的矩形推拉200mm的高度，如图3-84所示。

微课：
创建收纳箱

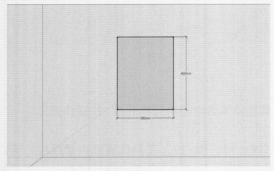

图 3-83

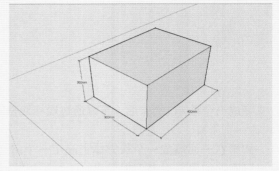

图 3-84

03 在创建好的长方形平面上再创建一个20mm×100mm的分割矩形，具体位置如图3-85所示。

04 在上一步创建好的矩形内再创建一个13mm×92mm分割矩形，具体位置如图3-86所示。

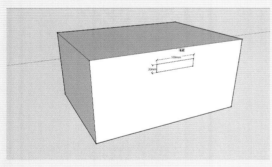

图 3-85

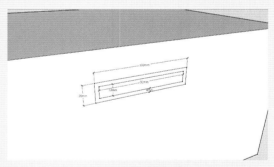

图 3-86

05 启用"推/拉"工具 ◆ 将内部矩形向内推入20mm，如图3-87所示。

06 启用"推/拉"工具 ◆ 制作3mm的边框，如图3-88所示。

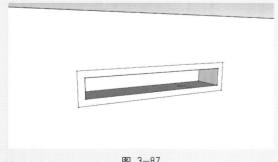

图 3-87

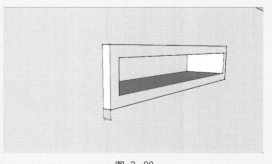

图 3-88

07 启用"推/拉"工具 ◈ 并按住Alt键制作好收纳箱顶部造型，具体尺寸如图3-89和图3-90所示。

距离 5mm

图 3-89

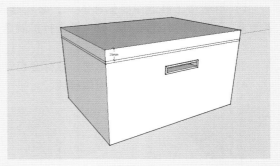

图 3-90

08 调整好收纳箱的材质，最终完成效果如图3-91所示。

图 3-91

3.2.3 "偏移"工具 ⊙

"偏移"工具可以对表面或一组共面的线进行偏移复制，可以将表面边线偏移复制到源表面的内侧或外侧，偏移之后会产生新的表面。

（1）面的偏移

1）用选择工具选中要偏移的表面（一次只能给偏移工具选择一个面）。

2）激活偏移工具。

3）单击所选表面的一条边，鼠标会自动捕捉最近的边线。

4）拖曳鼠标来定义偏移距离，偏移距离会显示在数值控制框中。

5）单击"确定"按钮，创建出偏移多边形，如图3-92和图3-93所示。

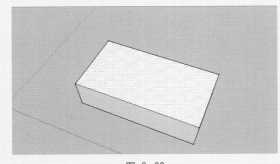

图 3-92

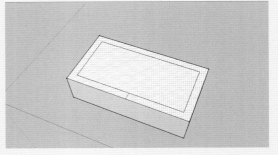

图 3-93

（2）线的偏移

可以选择一组相连的共面的线进行偏移，如图3-94和图3-95所示。操作如下：

1）用选择工具选中要偏移的线。必须选择两条以上相连的线，而且所有的线必须处于同一平面上。可以用Ctrl键和／或 Shift键进行扩展选择。

2）激活偏移工具。

3）在所选的任一条线上单击，鼠标会自动捕捉最近的线段。拖曳鼠标来定义偏移距离。

4）单击确定，创建出一组偏移线。

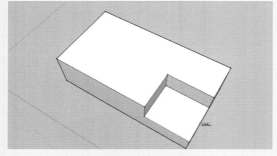

图 3-94   图 3-95

（3）输入准确的偏移值

进行偏移操作时，绘图窗口右下角的数值控制框会以默认单位来显示偏移距离。可以在偏移过程中或偏移之后输入数值来指定偏移距离。

输入一个偏移值：输入数值，并按Enter键确定。如果输入一个负值，表示往当前偏移的反方向进行偏移。

当用鼠标指定偏移距离时，数值控制框以默认单位显示长度。也可以输入公制单位或英制单位的数值，SketchUp会自动进行换算。负值表示往当前的反方向偏移。

3.2.4　实例——创建中式卷几 ▽

创建中式卷几的操作步骤如下：

01 用"矩形"工具 ▨ 绘制出一个260mm×600mm的矩形，如图3-96所示。

02 删除底部边线，然后启用"直线"工具 ✎ 绘制出左侧的线形，具体尺寸如图3-97所示。

微课：
创建中式卷
几

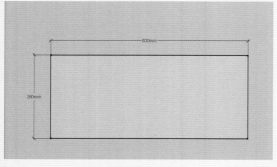
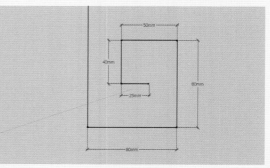

图 3-96   图 3-97

03 将左侧细节线条复制至右侧，通过"缩放"工具 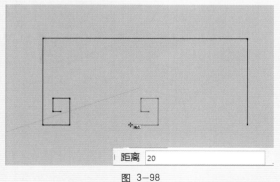 镜像调整，最后放置好位置，如图3-98和图3-99所示。

图 3-98

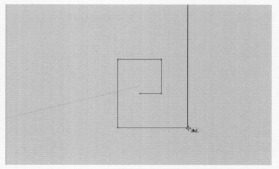

图 3-99

04 选择所有线段，然后启用"偏移"工具 向外以20mm的距离偏移复制，如图3-100所示。

05 启用"直线"工具 连接端点形成法封闭平面，然后启用"推拉"工具制作360mm厚度，如图3-101所示。

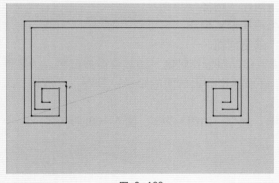

图 3-100

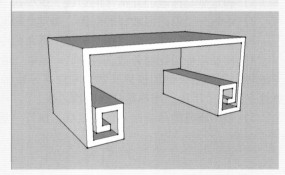

图 3-101

06 启用"偏移"工具 ，选择外侧平面向内以5mm距离偏移，如图3-102所示。

07 启用"推拉"工具 将内部平面向内推入5mm，如图3-103所示。

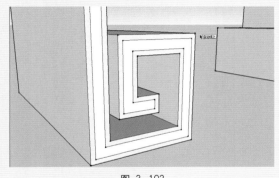

图 3-102

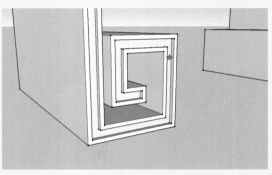

图 3-103

1
2
3
4
5
6
7
8
9

08 相同方式制作好另一侧细节，然后处理好
材质，完成效果如图3-104所示。

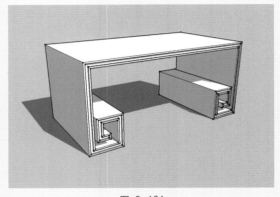

图 3-104

3.2.5 "放样" 工具

用"手绘"工具绘制一条边线/线条，然后使用"放样"工具沿此路径挤压成面。尤其是在细化模型时，在模型的一端画一条不规则或者特殊的线，然后沿此路径放样，就更加有用。

(1) 沿路径手动挤压成面

使用"放样"工具手动挤压成面，操作方法如下：

1）确定需要修改的几何体的边线，这个边线就叫作"路径"。

2）绘制一个沿路径放样的剖面，确定此剖面与路径垂直相交。

3）从"工具"菜单中选择"放样"菜单命令，单击剖面。

4）移动鼠标沿路径修改。在SketchUp中，沿模型移动鼠标指针时，边线会变成红色。为了使"放样"工具在正确的位置开始，在放样开始时，必须单击邻近剖面的路径；否则，"放样"工具会在边线上挤压，而不是从剖面到边线。

5）到达路径的尽头时，单击鼠标，执行"放样"命令，如图3-105～图3-108所示。

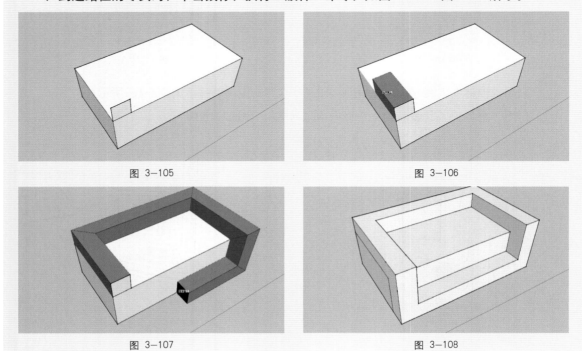

图 3-105

图 3-106

图 3-107

图 3-108

预先选择路径：使用"选择"工具预先选择路径，可以帮助"放样"工具沿正确的跟随路径，如图3-109和图3-110所示。

1）选择一系列连续的边线。

2）选择"放样"工具。

3）单击剖面，该面将会一直沿预先选定的路径挤压。

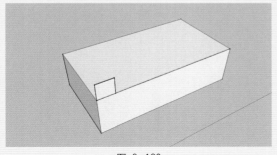

图 3-109

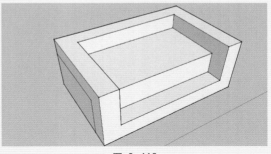

图 3-110

（2）自动沿某个面路径挤压另一个面

最简单和最精确的放样方法是自动选择路径。使用"放样"工具自动沿某个面路径挤压另一个面的操作方法如下：

1）确定需要修改的几何体的边线，这个边线就叫作"路径"。

2）绘制一个沿路径放样的剖面，确定此剖面与路径垂直相交，如图3-111所示。

3）在"工具"菜单中选择"放样"工具，按住Alt键，单击剖面。

4）从剖面上把指针移到将要修改的表面，路径将会自动闭合，如图3-112所示。

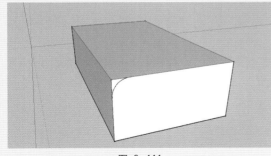

图 3-111

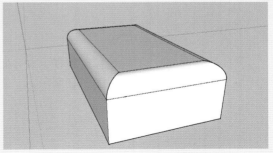

图 3-112

（3）创造旋转面

使用"放样"工具沿圆路径创造旋转面，如图3-113和图3-114所示。操作方法如下：

1）绘制一个圆，将圆的边线作为路径。

2）绘制一个垂直圆的表面，该面不需要与圆路径相交。

3）使用以上方法沿圆路径放样。

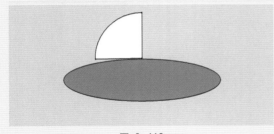

图 3-113

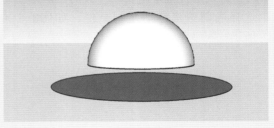

图 3-114

1
2
3
4
5
6
7
8
9

3.2.6 实例——创建糖果 ▽

创建糖果的操作步骤如下：

01 启用"圆"工具 ◉ 绘制一个直径为30mm的圆形作为路径，如图3-115所示。绘制完成后将内部平面删除。

02 为绘制与路径垂直的截面，结合"矩形"与"推/拉"工具绘制一个长方形，如图3-116所示。

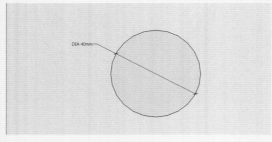

图 3-115

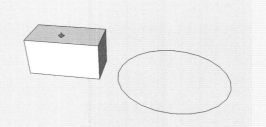

图 3-116

03 启用"圆"工具,然后将其放置至长方形表面捕捉绘制工作平面，如图3-117所示。

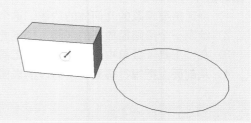

图 3-117

04 按住Shift键，移动鼠标至路径上方并捕捉中点作为圆心，如图3-118所示。然后绘制一个直径为12mm的圆形，如图3-119所示。

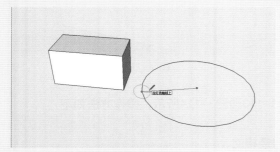

图 3-118

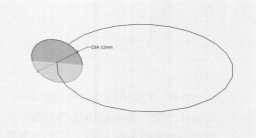

图 3-119

05 为以后直接使用大小一致的圆形截面，选择当前圆形移动复制一份，如图3-120所示。

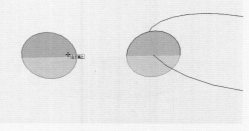

图 3-120

06　选择圆形路径，然后启用"放样"工具并单击圆形截面制作好圆环形糖果，如图3-121和图3-122所示。

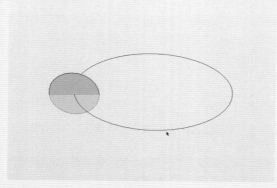

图 3-121

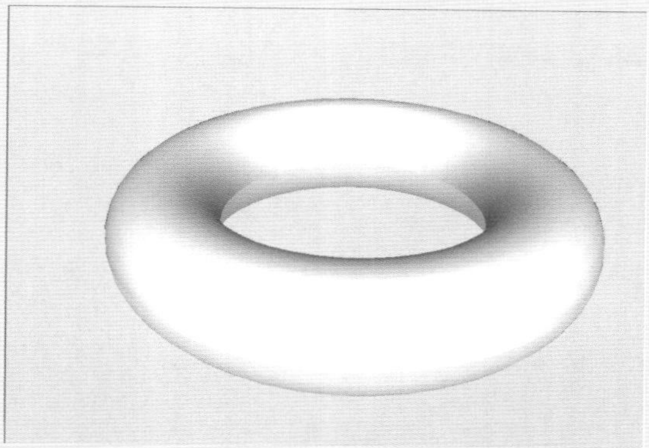

图 3-122

07　结合"圆"与"推／拉"工具制作糖果柄，如图3-123所示。

08　绘制三角形路径（注意在结合处处理出一些转角细节），然后复制并放置好圆形路径，如图3-124所示。

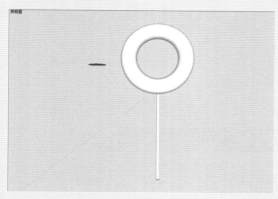

图 3-123

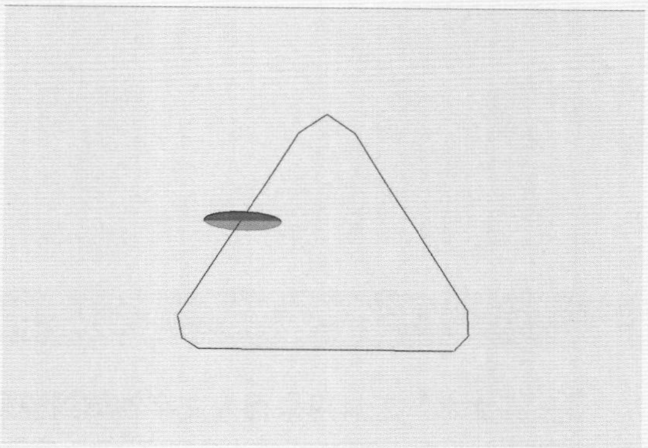

图 3-124

09　选择三角形路径，然后启用"放样"工具并单击圆形截面制作好三角形糖果，如图3-125所示。

10　此时生成的模型板面朝外，因此选择模型，然后在其上方右击选择"反转平面"，如图3-126所示。

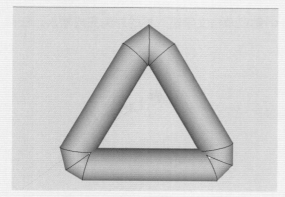

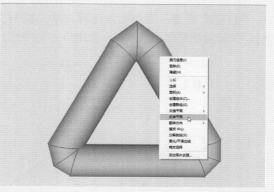

图 3-125

图 3-126

11 复制糖果柄至三角形下方完成该糖果模型，如图3-127所示。

12 绘制圆弧路径，然后复制并放置好圆形路径，如图3-128所示。

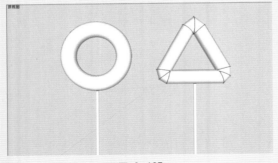

图 3-127

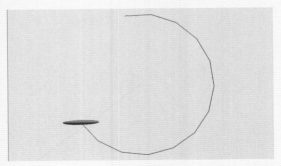

图 3-128

13 用相同方法制作出糖果造型，完成效果如图3-129所示。

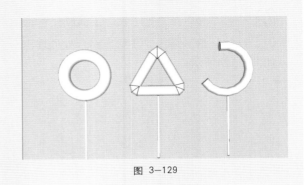

图 3-129

3.2.7 "三维文本"工具和"文字"工具

"三维文本"工具用来插入文字物体到模型中。

在SketchUp中主要有两类文字：引注文字和屏幕文字。

(1) 放置三维文本

具体操作步骤如下：

1）激活"三维文本"工具 ，并在实体上（表面、边线、顶点、组件、群组等）单击，指定引线所指的点。

2）单击放置文字，如图3-130所示。

3）在文字输入框中输入注释文字，按两次Enter键或单击文字输入框的外侧完成输入。任何时候按Esc键都可以取消操作，如图3-131所示。

图 3-130

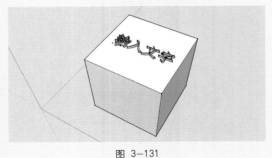

图 3-131

　　文字可以不需要引线而直接放置在SketchUp的实体上，使用"三维文本"工具在需要的点上双击即可，引线将被自动隐藏。

　　文字引线：引线有基于视图和三维固定两种主要的样式。基于视图的引线会保持与屏幕的对齐关系；三维固定的引线会随着视图的改变而和模型一起旋转。可以在参数设置对话框的"文字"标签中指定引线类型。

　　（2）放置屏幕文字

　　具体操作步骤如下：

　　1）激活"文字"工具 ，并在屏幕的空白处单击。

　　2）在出现的文字输入框中输入注释文字。

　　3）按两次Enter键或单击文字输入框的外侧完成输入。屏幕文字在屏幕上的位置是固定的，不受视图改变的影响，如图3-132所示。

　　（3）编辑文字

　　用"三维文本"工具或选择工具在文字上双击即可编辑，也可以在文字上右击，在弹出的快捷菜单中选择"编辑文字"命令。

　　（4）文字设置

　　用"文字"工具创建的文字物体都是使用参数设置对话框的"文字"标签中的设置，包括字体类型和对齐方式等，如图3-133所示。

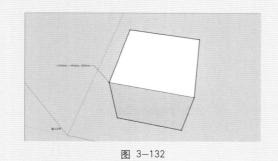

图 3-132

图 3-133

3.2.8 实例——创建圆凳 ▽

创建圆凳的操作步骤如下：

微课：
创建圆凳

01 用"圆形"工具绘制一个直径为600mm的圆，然后启用"推/拉"工具制作50mm高度，如图3-134和图3-135所示。

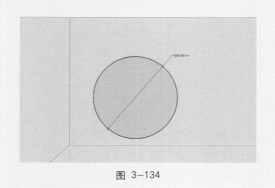

图 3-134

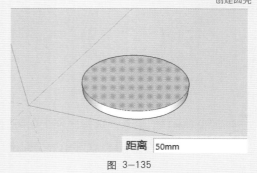

图 3-135

02 继续使用"推/拉"工具并按住Ctrl键制作圆凳的整体轮廓造型，具体尺寸如图3-136和图3-137所示。

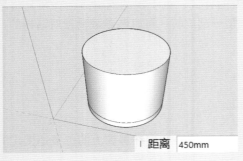

图 3-136

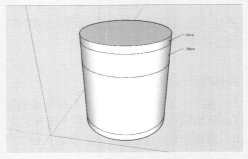

图 3-137

03 启用"直线"工具，结合捕捉在表面绘制一条分割直线，如图3-138所示。

04 选择顶部两条圆形边线，启用"缩放"工具选择对角夹点，然后按住Ctrl键将其以0.75的比例缩小，如图3-139所示。

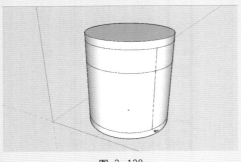

图 3-138

图 3-139

05 选择中部的圆形边线，启用"缩放"工具选择对角夹点，然后按住Ctrl键将其以0.45的比例缩小，如图3-140所示。

06 删除中部平面仅保留边线，如图3-141所示。

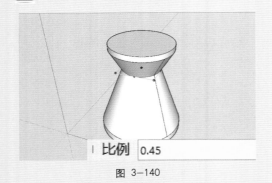

图 3-140

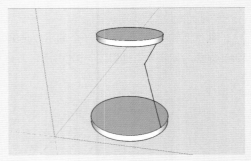

图 3-141

07 启用"偏移"工具，选择底部平面向内以30mm距离移动复制，如图3-142所示。

08 启用"推/拉"工具将底部中心平面推空，如图3-143所示。

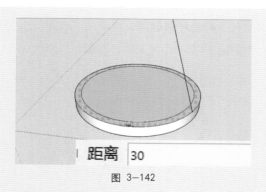

图 3-142

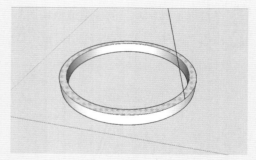

图 3-143

09 启用"直线"工具在底部环形平面上创建一个截面，位置与尺寸如图3-144所示。

10 选择之前保留的中部路径，制作好中部支撑条，制作完成后注意将其"反转平面"，如图3-145所示。

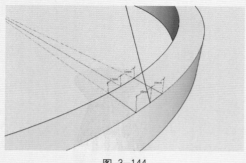

图 3-144

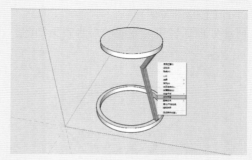

图 3-145

11 为方便后续的编辑，选择支撑条并右击将其创建为群组，如图3-146所示。

12 为方便旋转复制的操作，切换至"顶视图"并调整为"平行投影"模式，然后选择支撑条间隔24°的角度旋转复制14条，如图3-147～图3-149所示。

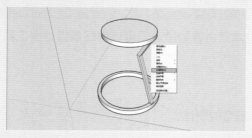

图 3-146

图 3-147

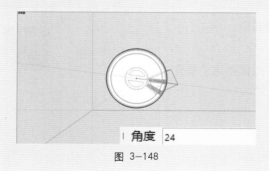

图 3-148

图 3-149

13 经过以上操作，当前模型造型如图3-150所示，接下来处理顶部细节。

14 启用"推/拉"工具并按住Ctrl键，然后将顶部平面向上以5mm距离复制，如图3-151所示。

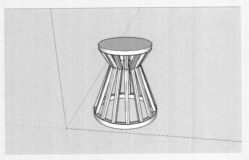

图 3-150

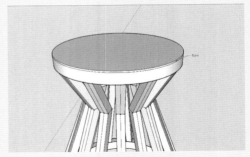

图 3-151

15 选择复制出的顶面，启用"缩放"工具选择对角夹然后按住Ctrl键将其以0.88的比例缩小，如图3-152所示。

16 处理好材质，完成的最终效果如图3-153所示。

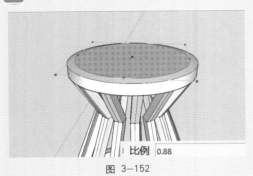

图 3-152

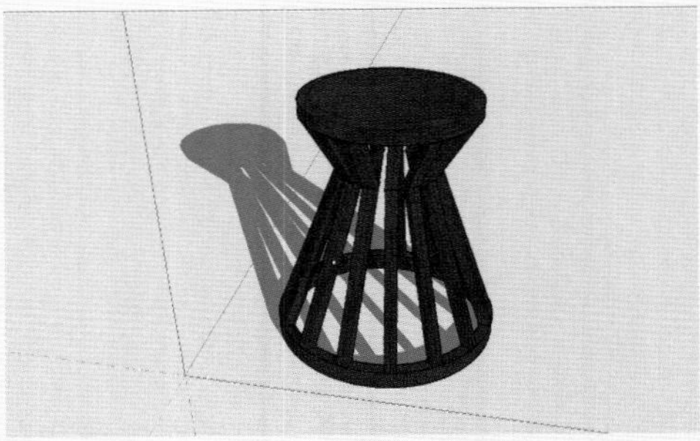

图 3-153

3.3 知识与技能梳理

绘图工具和编辑工具是最基础的绘图操作，通过本章内容的学习，可以熟练掌握这些工具的使用方法，并能准确地绘制出想要的图形。

◆**重要工具**：推拉工具、矩形工具、偏移工具。

◆**核心技术**：路径跟随、偏移图形、文字注释。

◆**实际运用**：将创建的图形进行编辑，创建不同形态的物体。

3.4 课后练习

一、选择题（共4题），请扫描二维码进入即测即评。

二、简答题

1．简要说明当锁定一个方向时，按住什么键可以保持这个锁定。

2．简要说明绘制圆弧时输入"300s"表示什么。

3.4 课后练习

SketchUp辅助建模工具

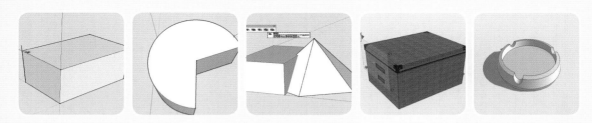

　　在前面的章节中详细介绍了SketchUp中常用的绘图和编辑工具，并通过实际模型的创建讲解了这些工具的使用方法与技巧。本章将要讲解SketchUp中的辅助建模工具，以帮助读者更有效率地完成建模。

学习要求	知识点 ＼ 学习目标	了解	掌握	应用	重点知识
	坐标轴工具	⚑			
	卷尺工具	⚑	⚑		
	量角器				
	标注工具	⚑			
	实体工具			⚑	
	截平面工具			⚑	

4.1 坐标轴工具

"轴"工具位于SketchUp"建筑施工"工具栏内，如图4-1所示。利用该工具可以调整场景坐标，可以设定不同的工作平面（Oxy平面），也可以通过其精确完成模型间的对齐操作。

图4-1

4.1.1 自定义坐标轴 ▽

"轴"工具用于在模型中移动绘图坐标轴。可以在斜面上方便地建构起矩形物体，也可以更准确地缩放那些不在坐标轴平面上的物体，如图4-2和图4-3所示。

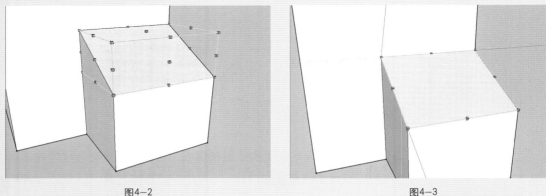

图4-2　　　　　　　　　　　　　　图4-3

定位坐标轴：

激活"轴"工具，这时鼠标指针处会附着一个红/绿/蓝坐标符号，它会在模型中捕捉参考对齐点。移动鼠标到要放置新坐标系的原点，通过参考工具提示来确认是否放置在正确的点上，单击确定，结果如图4-4所示。

通过移动光标来对齐红轴的新位置，利用参考提示来确认是否已正确对齐，单击"确定"，结果如图4-5所示。

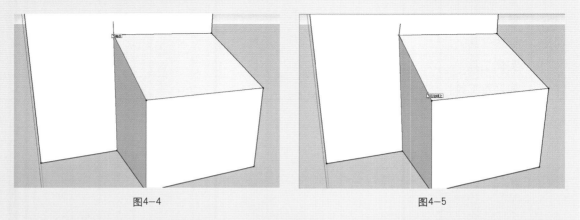

图4-4　　　　　　　　　　　　　　图4-5

通过移动鼠标来对齐绿轴的新位置，利用参考提示来确认是否已正确对齐，单击确定，结果如图4-6所示。

蓝轴垂直于红/绿轴平面，这样就重新定位好坐标轴了，如图4-7所示。

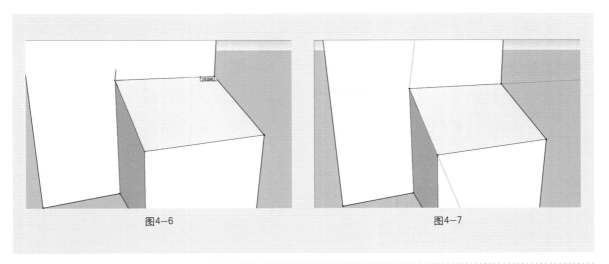

图4-6　　　　　　　　　　　　　　　　　　图4-7

4.1.2 坐标对齐功能 ⊙

1. 视图对齐

在目标平面上右击，然后在弹出的快捷菜单中选择"对齐视图"命令，即将已选择的平面为参考切换至对应视图，如图4-8和图4-9所示。通过这种方法根据想要查看的面快速调整视图，而不用先去判断属于哪个视图并单击对应按钮。

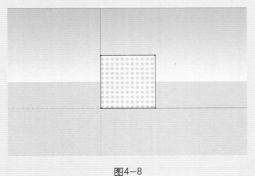

图4-8

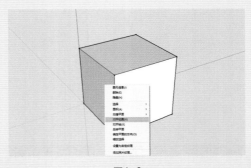

图4-9

除此之外，当在斜面建模时，通过这种方法可以快速切换至目标斜对面对应的视图，以便于模型创建，如图4-10和图4-11所示。

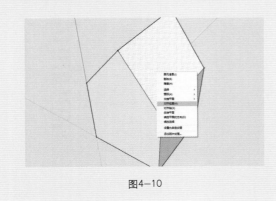

图4-10

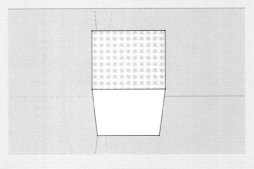

图4-11

2. 轴对齐

在目标平面上右击，然后在弹出的快捷菜单中选择"对齐轴"命令，即将以选择的平面为参考重置坐标轴，如图4-12和图4-13所示。

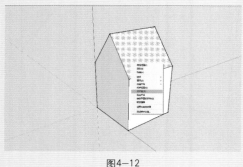

图4-12

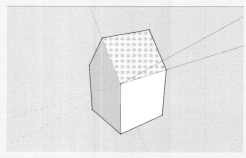

图4-13

在实际工作中，该功能主要用于倾斜平面的缩放调整。直接选择平面进行缩放操作时显示的缩放控制框如图4-14所示；执行"对齐轴"命令再使用"缩放"工具进行操作时显示的缩放控制框如图4-15所示，此时在执行单个轴向的操作时更为方便与准确。

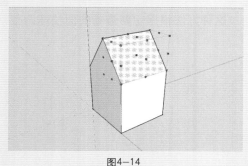

图4-14

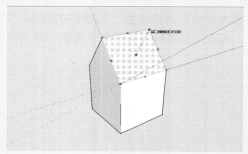

图4-15

4.1.3 显示和隐藏坐标轴 ⊙

为了方便观察视图的效果，执行"视图"菜单命令，然后通过勾选或取消"坐标轴"参数即可控制坐标轴的显示和隐藏，如图4-16和图4-17所示。

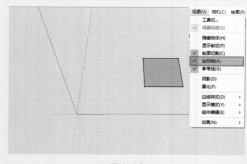

图4-16

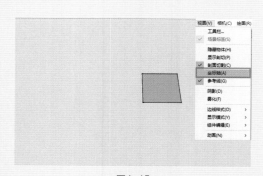

图4-17

4.2　卷尺和量角工具

"卷尺"工具与"量角器"工具位于
SketchUp"建筑施工"工具栏内，如图4−18所
示。前者主要用于测量两点间的直线距离、绘制
位置参考线以及准确缩放模型对象；后者则主要
用于测量角度以及绘制角度参考线。

图4−18

4.2.1　"卷尺"工具 ▼

"卷尺"工具可以执行一系列与尺寸相关的操作，包括测量两点间直线距离，创建位置参
考线以及全局缩放模型对象。

1. 测量两点间直线距离

启用"卷尺"工具，然后通过捕捉确定测量起点，此时再移动鼠标会在数值控制框实时显
示当前的长度，在目标位置单击确定测量终点后，测量得到距离会在鼠标指针附近显示，如图
4−19和图4−20所示。

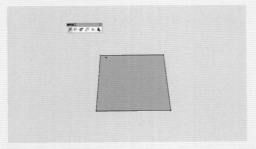

图4−19

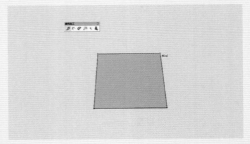

图4−20

2. 创建位置参考线

启用"卷尺"工具，然后按住Ctrl键，此时鼠标指针将变成尺形状并切换到创建位置参考线
功能，如图4−21所示。在位置参考点单击确认起点，然后向上拖曳即可生成位置参考线，如图
4−22所示。

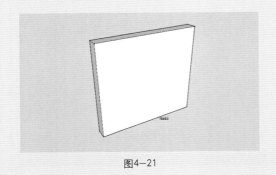

图4−21

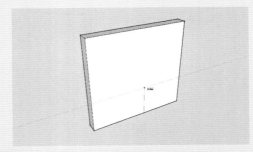

图4−22

通过捕捉目标端点或是直接输入位置距离并按Enter键，即可创建对应距离的位置参考线，
如图4−23和图4−24所示。

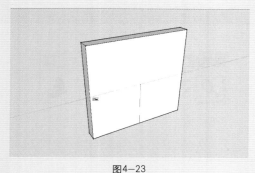

图4-23   图4-24

3. 全局缩放模型对象

启用"卷尺"工具可以一次调整好场景内所有模型尺寸或比例。在实际工作中利用这个功能可以将粗略尺寸的模型或参考调整为精确尺寸的模型。常用操作步骤如下：

01 启用"卷尺"工具，然后在目标线段上先后确定长度起点与端点，此时数值控制框会显示目标线段的当前长度，如图4-25和图4-26所示。

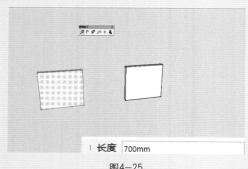

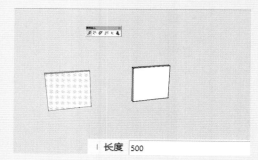

图4-25   图4-26

02 松开鼠标后直接输入想要调整的长度并按Enter键，如图4-27所示。

03 在弹出的对话框中选择"是"选项确认调整模型大小，此时即可将场景内所有模型（无论与当前改变的模型相同或不同）按相同比例调整好大小，如图4-28所示。

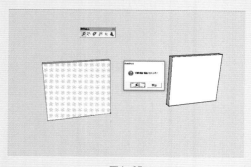

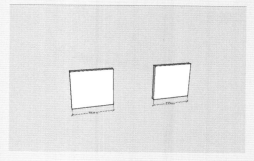

图4-27   图4-28

● **技巧 提示**

如果只想对场景中某一个或某些模型单独缩放，此时可以将目标模型创建为群组，然后双击进入群组内进行对应的缩放操作即可。

4.2.2　"量角器"工具 ⊙

"量角器"工具可以测量角度以及绘制角度参考线，常用的操作步骤如下：

01 激活"量角器"工具，此时以鼠标指针为中心出现一个圆形的量角器，接下来再移动鼠标至角度顶点，如图4-29所示。

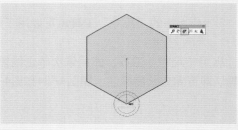

图4-29

02 移动鼠标至第1条角度线方向，然后捕捉一个顶点并单击确定，如图4-30所示。

03 按住Ctrl键，移动鼠标至第2条角度线方向，然后捕捉一个顶点并单击确定，此时将会在数值控制框中显示对应角度大小，如图4-31所示。

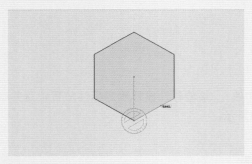

图4-30

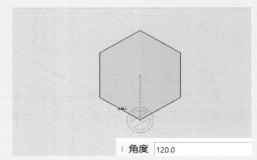

| 角度 | 120.0 |

图4-31

● 技巧 提示

如果在操作的过程中不按住Ctrl键，将在角度测量完成后生成对应的角度参考线，如图4-32所示。在生成角度参考线及位置参考线后，如果想要删除少量的参考线，可以选择并按Delete键删除，而如果要删除场景中的所有参考线，可以执行"视图"→"参考线"菜单命令完成，如图4-33所示。

图4-32

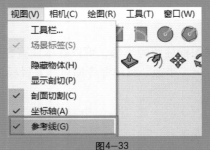

图4-33

4.3　标注工具

在SketchUp中可以通过"尺寸"工具标注模型尺寸，通过"文字"工具标注以及文本引注。接下来逐一讲解这两个工具的使用方法。

4.3.1　尺寸标注 ▼

SketchUp中的"尺寸"工具总可以用于标注线段长度以及圆(圆弧)半径或直径。

1. 标注线段

启用"尺寸"工具，然后依次单击线段的两个端点，接着移动鼠标确定标注放置位置并单击确认即可完成长度标注，如图4-34和图4-35所示。

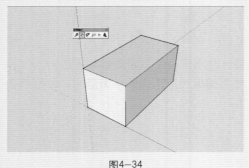

图4-34

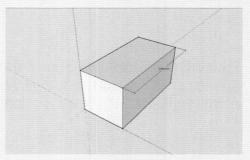

图4-35

2. 标注圆形直径或半径

启用"尺寸"工具，然后单击要标注的圆(圆边线)，接着移动鼠标确定标注放置位置并单击确认即可完成圆的直径标注，如图4-36和图4-37所示。

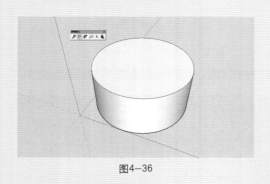

图4-36

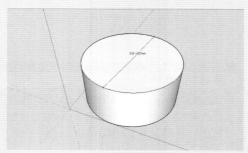

图4-37

如果想标注圆的半径，可以在标注直径完成后，在其上方右击，在弹出的快捷菜单中执行"类型"→"半径"菜单命令即可将直径标注转换为半径标注，如图4-38和图4-39所示。

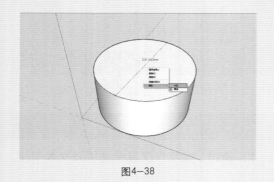

图4-38

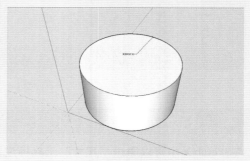

图4-39

3. 标注圆弧半径或直径

启用"尺寸"工具，然后单击要标注的圆弧（圆弧边线），接着移动鼠标确定标注放置位置并单击确认，即可完成圆弧半径标注，如图4-40和图4-41所示。

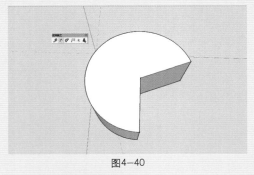

图4-40

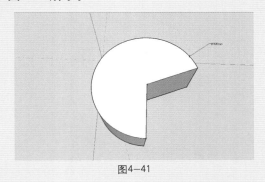

图4-41

4. 调整尺寸标注格式

尺寸标注的样式可以在"模型信息"对话框中进行设置，执行"窗口"→"模型信息"菜单命令即可打开"模型信息"对话框，如图4-42和图4-43所示。

图4-42

图4-43

4.3.2　文字标注 ▽

"文字"工具用来插入文字对模型进行特别说明，根据标注对象的不同主要分为"引注文本"和"屏幕文本"。

1. 引注文本

启用"文字"工具，在实体表面上单击确定箭头位置，然后拖动鼠标调整引线指向的位置，接下来再单击确定文本框的位置，最后在文本框中输入注释文字并按Enter键即可完成引注文本，如图4-44～图4-47所示。

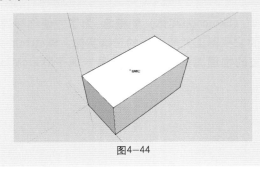

图4-44

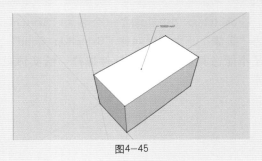

图4-45

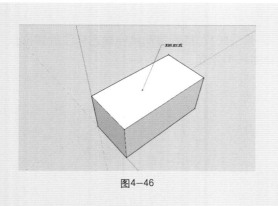

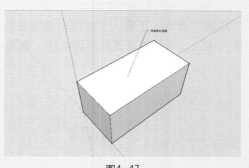

图4—46 图4—47

2．屏幕文字

启用"文字"工具，然后在屏幕的空白处单击，接着在文本框中输入注释文字，然后按两次Enter键或在文本框之外区域单击即可制作好屏幕文本，如图4—48和图4—49所示。

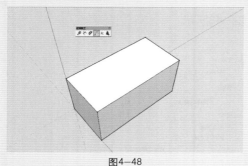

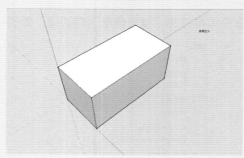

图4—48 图4—49

3．调整文本标注格式

执行"窗口"→"模型信息"菜单命令，打开"模型信息"对话框，然后通过"文字"选项卡可以设置引线文字、格式以及引线的样式，如图4—50所示。具体的调整方法与调整尺寸标注样式类似，这里不再赘述。

图4—50

4.4　实体工具

在SketchUp 8中新增了一个名为"SketchUp Solid"（SketchUp实体）的概念，为了方便称呼简称它为"实体"。之所以叫作"SketchUp Solid"，是因为它实际上并非真正的三维实体。SketchUp 目前还不能像其他一些三维软件那样，给实体赋予完整的物理属性，所以说它是专属于SketchUp的实体。

4.4.1 实体——增强的布尔运算功能 ▽

SketchUp推出了"实体工具",执行"视图"→"工具栏"→"实体工具"菜单命令,即可打开"实体工具"工具栏,如图4-51所示。SketchUp中通过"实体工具"栏,可以在组与组之间完成实体外壳、相交、联合、减去、剪辑和拆分运算,方便建模。

SketchUp的"实体工具"仅用于SketchUp实体。实体是任何具有有限封闭体积的3D模型（组件或组），实体不能有任何裂缝（平面缺失或平面间存在缝隙）。"实体工具"包括

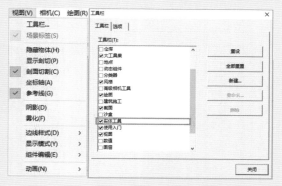

图4-51

"外壳"工具、"相交"工具、"合并"工具、"去除"工具、"修剪"工具和"拆分"工具。

1."SketchUp Solid"的定义

"SketchUp Solid"是指任何具有有限封闭体积的三维模型（专指组件或群组），它对外没有任何缝隙或开口。

2.如何区分SketchUp实体

可以做个对比测试，画一个矩形面并伸成一个方块，如图4-52所示，这个方块由6个几何面组成，每条边线都衔接两个面，没有开口缝隙，而且这个方块的内部是个"有限体积的空间"。具备了这些跟上述类似的条件，它算是个SketchUp实体吗？

将这个方块全部选中并右击，从弹出的快捷菜单中选择"图元信息"命令，打开"图元信息"对话框，如图4-53所示。可以看到对话框中显示的总共有18个图元，与其他几何体的信息并没有差异。不错，这并不是所谓的SketchUp实体。

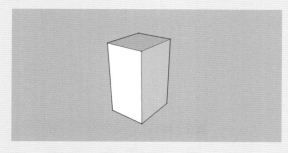

图4-52

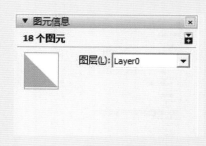

图4-53

接下来把这个方块再复制两个，其中一个制作成群组（红色）；另一个制作成组件（蓝色），如图4-54所示。

群组的"图元信息"对话框如图4-55所示。

组件的"图元信息"对话框如图4-56所示。

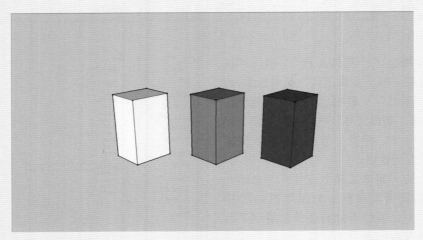

图4—54

图4—55

图4—56

实体群组（Solid Group）和实体组件（Solid Component）都具有"体积"属性，现在可以确定它们都是SketchUp实体了！因而所谓的SketchUp实体，本身必须是个群组或组件，同时在其"图元信息"对话框中必须具有体积这个属性。

执行"视图"→"工具栏"→"实体工具"菜单命令可调出"实体工具"栏，如图4—57和图4—58所示。

图4—57

图4—58

3．"外壳"工具

"外壳"工具用于对指定的单独实体加壳，使其变成一个组或者组件。接下来讲解常用操作步骤：

01 创建两个单独的几何体，然后创建为群组并将其转换为"实体"，如图4-59所示。

02 启用"外壳"工具，提示用户开始选择第1个实体，此时选择棱锥体，如图4-60所示。

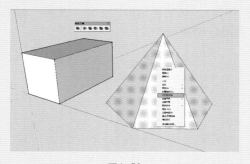

图4-59

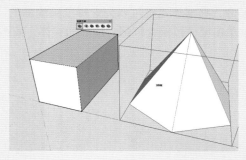

图4-60

03 接着提示用户选择第2个实体，这里选择棱锥，如图4-61所示。选择完成后，原本单独的实体会合并为一体，如图4-62所示。

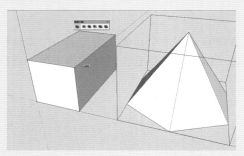

图4-61

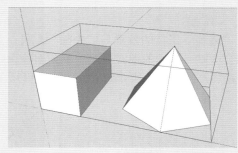

图4-62

4.4.2　实体工具的运用

1. 相交

"相交"工具用于保留实体相交的部分，同时删除不相交的部分。使用该工具时可以先选择用于相交的模型，然后直接单击"相交"工具即可快速完成操作，如图4-63和图4-64所示。

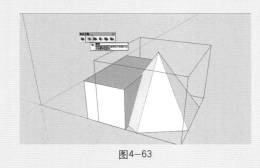

图4-63

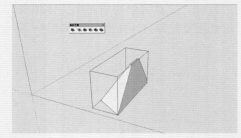

图4-64

2. 合并

"合并"工具用于将两个实体合并为一体，同时删除相交的部分边线。此工具在效果上与

"外壳"工具相同，因此操作方法不再赘述。

3. 去除

使用"去除"工具可以保留两个实体中的一个，但保留的实体将被删除与另一个实体相交的部分。在操作过程可以先选择要被删除的实体（圆柱体），然后再启用"去除"工具，最后再直接单击要保留但会被部分删除的实体，如图4—65和图4—66所示。

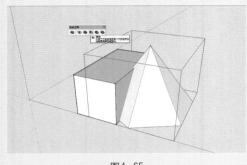

图4—65

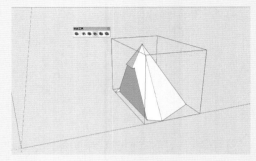

图4—66

4. 修剪

"修剪"工具的效果与"去除"工具　类似，同样是利用一个实体减去与另一个实体相交的部分，唯一区别的地方是最后不会删除原来的实体，如图4—67所示。同样如果实体的选择顺序变换将产生不同的实体效果，如图4—68所示。

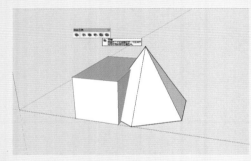

图4—67

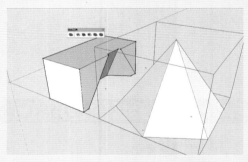

图4—68

5. 拆分

"拆分"工具可以利用两个实体相交的部分生成单独的新物体，而原来的两个实体则均被删除原来相交的部分，如图4—69和图4—70所示。

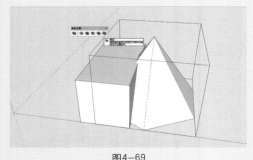

图4—69

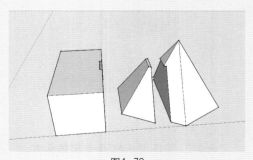

图4—70

6. "实体外壳"工具

所做的如同"合并"工具一样，运算后将合并两个或多个交错重叠实体的所有外表面，生成整个的实体，但是从所生成的实体里删除所有内部的几何体，仅保留外层的表皮。例如：

将两个或多个实体重叠放置，在"X光透视模式"下可看到两个实体互有重叠的部分，如图4-71所示。

激活"并集"工具，分别单击两个实体，在"X光透视模式"下可看到新生成的实体只有外壳，其内部没有任何实体，如图4-72所示。

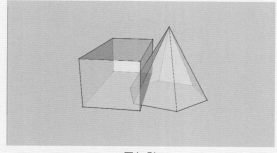

图4-71

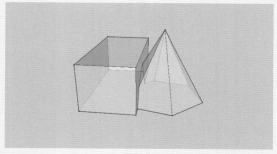

图4-72

7. "外壳融合"工具

几乎所有设计师在使用SketchUp建模时，都会经历模型量逐渐增大的问题。尤其是较大的住宅区设计，如果包含了多栋建筑物时，常常会使模型量膨胀得很大，以至于难以顺滑地操控相机。

"外壳融合"工具是产生轻量模型的首选工具，经由"外壳"工具小心地处理之后，能产生内部被掏空只留下外表皮的建筑物模型，即使配置模型里包含了十几栋这种仅有表皮的轻量模型，整个模型的几何面数也不至于膨胀得太大，从而利于操控场景，如图4-73所示。

Google Earth（谷歌地球）上的大多数建筑物都是利用这种"外壳融合"技术处理的。

图4-73

● **技巧 提示**

1. 可以先选择要进行交集操作的实体，然后再选择相应的实体工具，生成新的实体。
2. SketchUp里的实体工具的操作不会整影响到动态组件的属性。

4.4.3 实例——制作烟灰缸 ⊙

制作烟灰缸的操作步骤如下：

01 启用"圆"工具绘制一个直径为160mm的圆形，如图4-74所示。

02 启用"推/拉"工具并按住Ctrl键制作轮廓造型，具体尺寸如图4-75所示。

微课：
制作烟灰缸

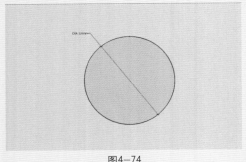

图4-74

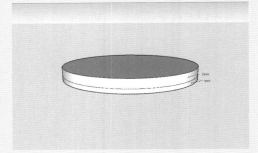

图4-75

03 启用"缩放"工具，选择下部圆形并按住Ctrl键以0.95的比例缩小，如图4-76所示。

04 启用"偏移"工具，将内部圆形面向内以8mm距离偏移制作出上部边沿，如图4-77所示。

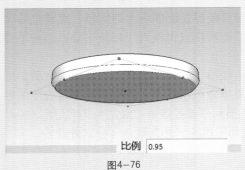

比例 0.95

图4-76

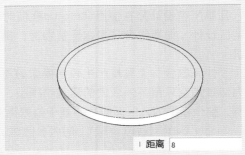

距离 8

图4-77

05 启用"推/拉"工具将中部模型面向内推入8mm深度，如图4-78所示。

06 选择整体模型，然后启用"缩放"工具整体在蓝轴上以1.6的比例放大并调整好轮廓造型，如图4-79所示。

距离 8mm

图4-78

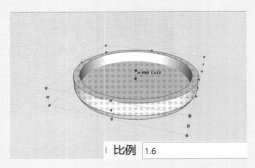

比例 1.6

图4-79

07 选择内部边沿，然后向蓝轴向上移动2mm制作边沿细节，如图4-80所示。

08 将当前的模型创建为"群组"，如图4-81所示。

长度 2

图4-80

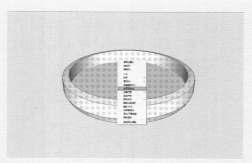

图4-81

09 为准确制作用于实体操作的圆柱体，切换至"前视图"并调整为"平行投影"模式，如图4-82所示。

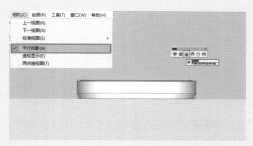

图4-82

10 结合"圆"与"推/拉"工具制作圆柱，然后利用"旋转"工具调整角度，如图4-83和图4-84所示。

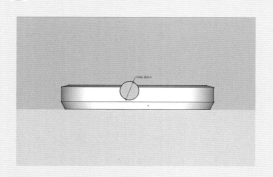

图4-83

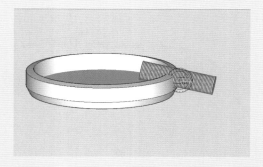

图4-84

11 选择圆柱体，启用"旋转"工具捕捉圆心为旋转中心点，然后以120°的间隔复制两份，如图4-85所示。

12 选择圆柱体逐一创建为群组，然后通过"实体外壳"工具创建合并为整体，如图4-86所示。

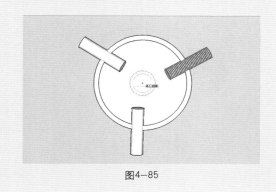

图4-85

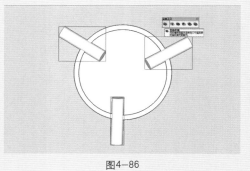

图4-86

1
2
3
4
5
6
7
8
9

13 选择合并好的圆柱体实体，然后启用"去除"工具，如图4-87所示。

14 此时单击烟灰缸主体，可以看到出现了禁用图标，即此时系统判断已经创建为群组的模型不为"实体"，如图4-88所示。

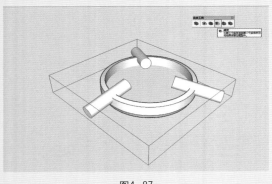

图4-87

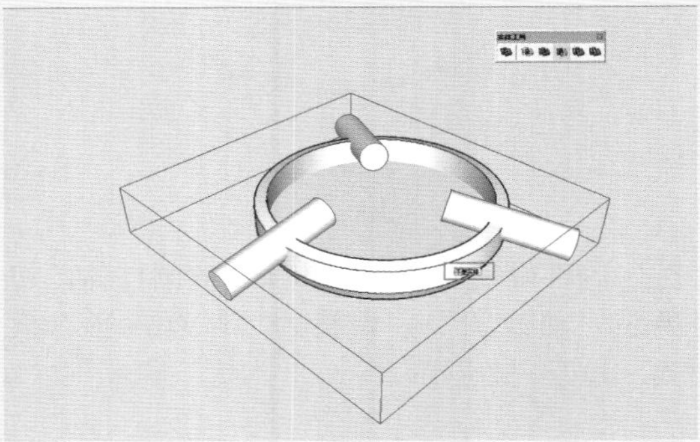

图4-88

15 切换至"X光透视模式"可以看到模型内部有多余平面，如图4-89所示。

16 隐藏上部圆形平面，然后选择多余平面按Delete键删除，如图4-90所示。

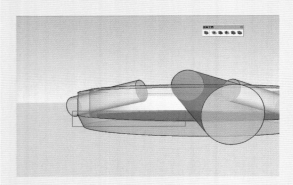

图4-89

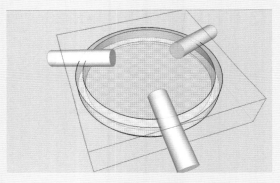

图4-90

17 再次执行启用"去除"工具即可顺利完成操作，如图4-91所示。

18 调整好材质，完成烟灰缸最终效果至如图4-92所示。

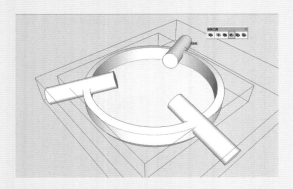

图4-91

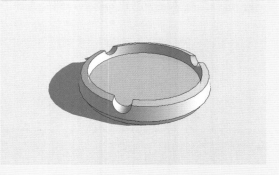

图4-92

4.5　截平面工具

　　"截面"是Sketchup的一项特色功能，利用其可以快速制作封闭模型的剖开效果，并进而加工成施工图，如图4-93所示。执行"视图"→"工具栏"菜单命令，然后在"工具栏"对话框中勾选"截面"复选框即可显示对应的"截面"工具栏，如图4-94所示。

图4-93

图4-94

　　"截面"工具栏的按钮设置十分简单，从左至右按钮分别为"剖切面"按钮 ⇨ 、"显示剖切面"按钮 👊 以及"显示剖面切割"按钮 👊 。在实际工作中，"截面"工具的使用通常需要结合鼠标右键快捷菜单或是其他菜单命令，接下来进行详细讲解。

4.5.1　创建剖切面 ▽

创建剖面的操作步骤如下：

01　单击"剖切面"按钮，此时鼠标指针将变成剖切面形状。将鼠标放置于目标平面附近，此时将自动吸附，如图4-95所示。

微课：
创建剖切面

图4-95

02　单击鼠标左键确认生成该方向上的剖切面，此时剖切面形状将自动根据能覆盖的平面调整好大小，如图4-96所示。

03　选择创建好的剖切面，然后移动至模型上，此时即可生成剖切面，效果如图4-97所示。

图4-96

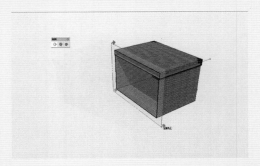

图4-97

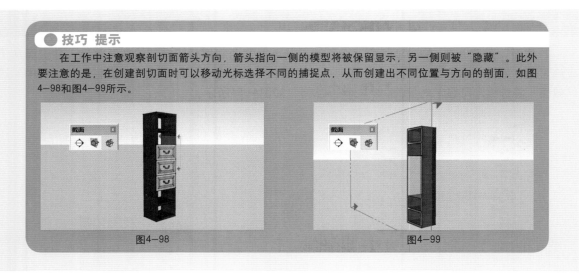

技巧 提示

　　在工作中注意观察剖切面箭头方向，箭头指向一侧的模型将被保留显示，另一侧则被"隐藏"。此外要注意的是，在创建剖切面时可以移动光标选择不同的捕捉点，从而创建出不同位置与方向的剖面，如图4-98和图4-99所示。

图4-98　　　　　　　　　　　　　　　图4-99

4.5.2　编辑和隐藏剖切面 ▽

1．剖切面的隐藏与显示

操作步骤如下：

01　选择创建好的剖切面，在其上方右击，然后再选择"隐藏"命令，可以在将剖切面隐藏的同时保留之前生成的剖切效果，如图4-100和图4-101所示。

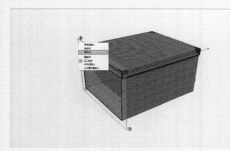

图4-100　　　　　　　　　　　　　　　图4-101

02　如果要显示隐藏的剖切面，可以执行"视图"→"隐藏物体"菜单命令，然后选择"虚显"的剖切面，最后再在其上方右击选择"取消隐藏"命令即可，如图4-102和图4-103所示。

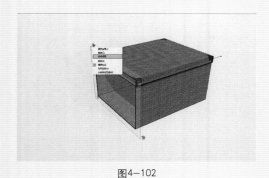

图4-102　　　　　　　　　　　　　　　图4-103

2．剖切面的复制与激活

操作步骤如下：

01 选择剖切面，启用"移动"工具并按住Ctrl键可移动复制剖切面，如图4-104所示。

02 移动至目标位置后松开鼠标，此时将生成一个新的剖切面并自动对齐，如图4-105所示。

图4-104

图4-105

03 剖切面复制完成后，场景效果如图4-106所示。此时前后两个剖切面均为灰色未激活状态。

04 此时如果要激活某个剖切面，只需要在其上方快速双击即可，如图4-107所示。再次双击则恢复至失效状态。

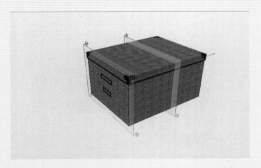

图4-106

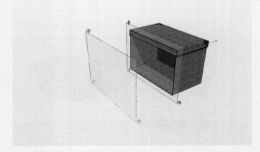

图4-107

3．翻转以及旋转剖切面

操作步骤如下：

01 在目标剖切面上右击，在弹出的快捷菜单中选择"翻转"菜单命令，可以将其方向与产生的剖切效果反转，如图4-108和图4-109所示。

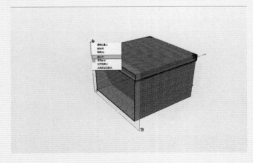

图4-108

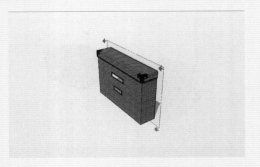

图4-109

02 选择目标剖切面，启用"旋转"工具可以调整剖面的角度并同时更新剖切效果，如图4-110和图4-111所示。

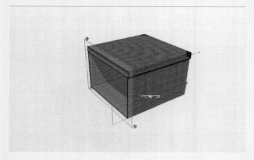
图4-110

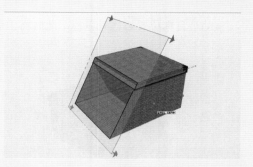
图4-111

4.5.3 实例——制作多剖切面 ⬇

制作多剖切面的操作步骤如下：

01 启动SketchUp，进入工作界面，打开智慧职教网站本课程中的"Chapter4\场景文件\多剖切面.skp"文件，如图4-112和图4-113所示。

图4-112

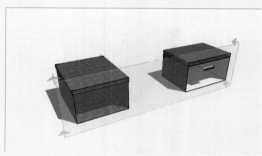
图4-113

02 此时直接在场景中创建多个剖切面，但总是只能使其中的一个剖切面处于激活状态并产生对应的全局剖切效果，即剖切面形状大小覆盖整个场景，同时对整个场景内所有模型产生同一位置的剖切，如图4-114和图4-115所示。

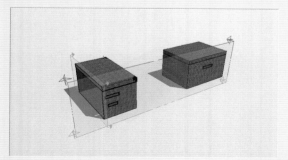
图4-114

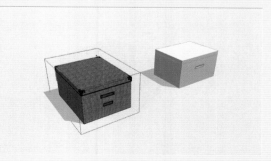
图4-115

03　为了同时产生多个激活的剖切面效果，首先选择其中的一个柜子并将其创建为群组，然后再双击进入内部创建剖切面，如图4-116所示。创建完成后移动到对应位置可以观察到剖切面仅对当前群组内部模型产生了剖切效果，如图4-117所示。

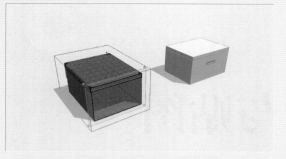

图4-116　　　　　　　　　　　　　　　　　　图4-117

04　用相同方法将另外的模型创建为群组，然后再双击进入内部创建剖切面，就可以在场景中同时激活多个剖面，并产生不同的剖切细节效果，如图4-118和图4-119所示。

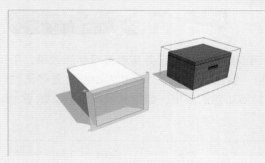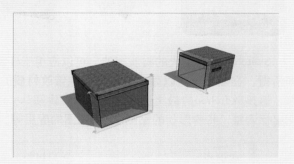

图4-118　　　　　　　　　　　　　　　　　　图4-119

4.6　知识与技能梳理

▷**重要工具**：坐标轴工具、量角器、标注工具、实体工具和截平面工具。

▷**核心技术**：截平面工具和实体工具。

▷**实际运用**：使用实体工具制作烟灰缸，对储存箱进行截平面操作。

4.7　课后练习

一、选择题（共4题），请扫描二维码进入即测即评。

二、简答题

简要说明"实体工具"中各种工具的作用。

4.7 课后练习

Chapter 5

SketchUp材质与贴图

 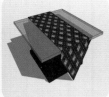   

SketchUp拥有强大的材质功能，可以应用于任意表面或组和组件中，并实时显示材质效果，所见即所得。在赋予材质以后，可以方便地修改材质的名称、颜色、透明度、尺寸大小及位置等属性信息，这是SketchUp的最大优势之一。本章讲解SketchUp材质功能的应用，包括材质的吸取、赋予、贴图坐标调整、特殊形状的贴图及PNG贴图的应用等。

	知识点 \\ 学习目标	了解	掌握	应用	重点知识
学习要求	材料面板	⚑			
	材质填充的技巧				⚑
	自定义纹理			⚑	
	贴图的调整		⚑		

5.1 材质填充工具

1. 材质的属性

SketchUp中材质的属性包括名称、颜色、透明度、纹理贴图和尺寸大小等。材质可以应用于边线、表面、文字、剖面、组和组件。

应用材质后，该材质就被添加到"材料"面板的材质列表中。这个列表中的材质会和模型一起保存在.skp文件中。如图5-1所示。

2. 使用材质的不同工具

材质填充工具：可以应用、填充和替换材质，也可以从某一实体上提取材质，如图5-2所示。

图5-1

利用其他图片编辑软件：调用外部默认图片编辑软件直接对SketchUp场景中的贴图进行编辑，而后再反馈到SketchUp中，如图5-3所示。

材质浏览器：可以从材质库中选择材质，也可以组织和管理材质，如图5-4所示。

材质编辑器：可以用来调整和推敲材质的不同属性，如图5-5所示。

图5-2

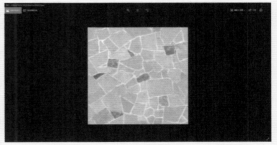

图5-3

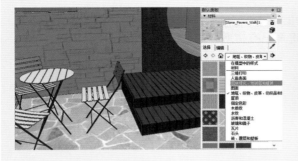

图5-4

图5-5

1
2
3
4
5
6
7
8
9

5.1.1 "材料"面板 ⊙

单击"材料"面板或执行"窗口"→"材料"
菜单命令可以打开"材料"面板，如图5-6所示。
通过该面板可以查看或选择当前场景中已经存在
的材质和系统自带的材质，也可以新建、编辑、
保存、载入材质。接下来逐一讲解该面板中的各
项功能。

"材料"面板参数简介如下。

"点按开始使用这种颜料绘画"窗口 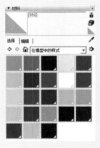：该窗

图5-6

口用于显示当前选择的材质效果，如图5-7所示。要注意的是，如果选择的材质在场景已经有
使用，则窗口右下角会附带一个白色的三角符号，如图5-8所示。

"名称"栏：该栏显示当前选择的材质名称，如果材质当前没有应用到场景内，此时名
称为灰色不可修改状态，而当材质应用到场景后则可以单击名称框进行自定义命名，如图
5-9所示。

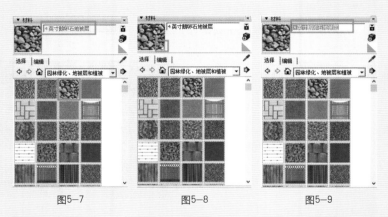

图5-7　　　　　　　　　图5-8　　　　　　　　　图5-9

"显示辅助选择窗格"按钮 📑：单击该按钮后将在"材料"面板下方新增供选择的材质
类型文件，如图5-10所示。通常为了方便操作而不会显示该效果。

"创建材质"按钮 🎨：单击该按钮将弹出"创建材质"对话框，在该对话框中可以设置
材质的名称、颜色及大小等属性信息，也可以选择已有材质，如图5-11、图5-12所示。

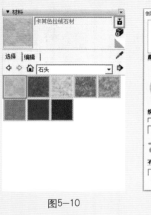　　　　　　

图5-10　　　　　　　　　图5-11　　　　　　　　　图5-12

5.1.2 "选择"选项卡 ⊙

单击"选择"选项卡后的界面展示如图5-13所示。

"后退"按钮↩：在浏览材质库时，如果想要回看之前的材质内容，单击该按钮即可返回。

"前进"按钮点 ⇨：在浏览材质库时通过"后退"按钮回看后，如果想要返回之前的材质内容，单击该按钮即可。

"在模型中"按钮 ⌂：单击该按钮可以直接切换到"在模型中"材质列表。

"详细信息"按钮 ⇨：单击该按钮将弹出一个快捷菜单，如图5-14所示。

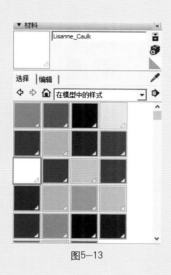

图5-13

图5-14

打开和创建材质库：选择该命令可以载入一个已经制作好材质的文件夹或创建一个新的材质文件夹到"使用层颜色材料"编辑器中。要注意的是，最好先创建对应材质文件夹，然后执行该命令并在弹出的对话框中单击选择，如图5-15所示。

集合另存为：将本集合的材质打包另存。

将集合添加到个人收藏：该命令用于将选择的文件夹添加到收藏夹中。

图5-15

从个人收藏移去集合：该命令可以将选择的文件夹从收藏夹中删除。

清除未使用项：当选择"在模型中"材质类型时，如果场景中之前使用过的材质不再使用了，执行该命令可以将这些材质在"在模型中"下方窗口清除。

小缩略图/大缩略图/中缩略图/超大缩略图/列表视图：这5个命令用于切换材质的显示方式，前4个命令用于调整材质图标大小，"列表视图"则以文字列表状态显示材质。

"样本颜料"工具 ⚲：单击该按钮可以从场景中提取材质，并将其设置为当前材质，在启用"材质"工具 ⚙后按住Alt键将切换到"样本颜料"工具。

"材质类型"下拉按钮：通过该按钮可以切换"材质"面板下方的显示类型，如图5-16～图5-18所示。

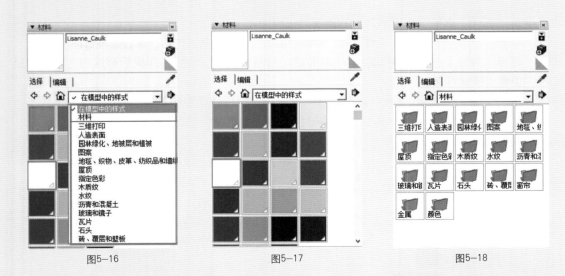

图5-16　　　　　　　　　　图5-17　　　　　　　　　　图5-18

如果将类型调整为"在模型"中，然后在其下方显示的材质上右击，将弹出一个快捷菜单，如图5-19所示。接下来讲解这些参数的功能。

删除：在目标材质上右击，然后选择该命令可以将其删除，同时场景中赋予该材质的物体将返回默认材质效果。

另存为：该命令用于将材质以SKM格式存储。

输出纹理图像：该命令用于将材质中的贴图存储为图片格式。

编辑纹理图像：如果在"系统设置"对话框的"应用程序"面板中设置了图像编辑软件，如图5-20所示，那么在执行"编辑纹理图像"命令后会自动打开设置的图像编辑软件来编辑该贴图。

面积：执行该命令将准确地计算出模型中所有应用此材质表面的表面积之和。

选择：该命令用于选中模型中应用此材质的表面。

图5-19

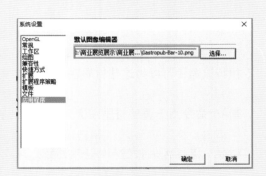

图5-20

5.1.3 实例——新建材质集合

新建材质集合的操作步骤如下：

微课：
新建材质集合

01 在计算机中创建一个"室内常用材质"（路径自定），如图5-21所示。

02 启用SketchUp 2016，通过工具箱打开"材料"面板，然后单击"详细信息"按钮，选择"打开和创建材质库"命令，如图5-22所示。

图5-21

图5-22

03 在弹出的"浏览文件夹"中选择之前创建好的"室内常用材质"面板，如图5-23所示。

04 单击"确定"按钮确定返回"材料"面板，即可看到添加好了对应的"室内常用材质"分类，如图5-24所示。

05 启用"矩形"工具，绘制一个800mm×800mm的矩形，然后选择"木质纹"文件夹内的"原色樱桃木"材质赋予该矩形，如图5-25所示。

图5-23

图5-24

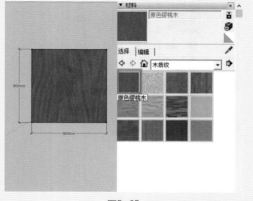

图5-25

06 返回"在模型中的样本"文件夹，然后选择应用的"原色樱桃木"材质，如图5-26所示。

07 在调整好的"原色樱桃木"质纹上右击，选择"另存为"菜单命令，如图5-27所示。

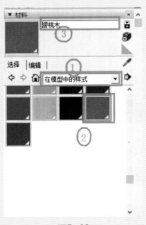

图5-26

图5-27

08 在弹出的"另存为"面板中将其以SKM格式保存至之前创建好的"室内常用材质"文件夹内，如图5-28所示。

图5-28

09 返回SketchUp中的"室内常用材质"文件夹，即可看到出现了对应的樱桃木材质，如图5-29所示。

10 用相同的方法再将室内常用材质赋予矩形块，然后保存至"室内常用材质"文件夹即可，如图5-30所示。

图5-29

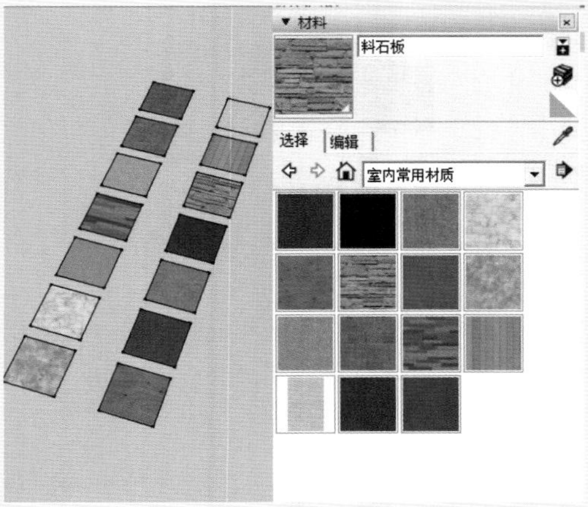

图5-30

5.1.4 "编辑"选项卡

"编辑"选项卡的界面如图5-31所示。进入此选项卡可以对材质的属性进修改。

编辑选项卡参数介绍如下：

拾色器： 在该项的下拉列表中可以选择SketchUp提供的4种颜色调整模式，如图5-32～图5-35所示。

·色轮： 使用这种颜色体系可以从色轮上直接取色。用户可以使用鼠标在色轮内选择需要的颜色，选择的颜色会在"点按开始使用这种颜料绘画"窗口和模型中实时显示以供参考。色轮右侧的滑块可以调节色彩的明度，越向上明度越高，越向下越接近于黑色。

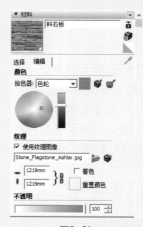

图5-31

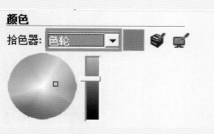

图5-32

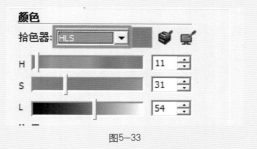

图5-33

图5-34

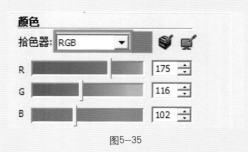

图5-35

· HLS：H、L、S分别代表色相、亮度和饱和度，这种颜色体系最有利于调节灰度值。

· HSB：H、S、B分别代表色相、饱和度和明度，这种颜色体系最有利于调节非饱和颜色。

· RGB：R、G、B分别代表红、绿、蓝3色，RGB颜色体系中的3个滑块是互相关联的，改变其中的一个，其他两个滑块颜色也会改变。用户也可以在右侧的数值输入框中输入数值进行调节。

"还原颜色更改按钮"按钮■：单击该按钮将还原颜色至材质默认色。要注意的是，使用具有纹理的材质时，系统会根据贴图的色调设定一个相关颜色。

"匹配模型中对象的颜色"按钮✔：单击该按钮将从模型中取样。

"匹配屏幕上的颜色"按钮✔：单击该按钮将从屏幕中取样。

"高宽比"文本框：在SketchUp中的贴图都是连续重复的贴图单元，在该文本框中输入数值可以修改贴图单元的大小。默认的长宽比是锁定的，单击"锁定／解除锁定图像高宽比"按钮}即可解锁，此时按钮图标将变为}。

不透明：材质的透明度介于0～100之间，值越小越透明。对表面应用透明材质可以使其具有透明性。通过"使用层颜色材料"编辑器可以对任何材质设置透明度，而且表面的正反两面都可以使用透明材质，也可以对单独一个表面用透明材质，另一面不用。

5.1.5 实例——制作茶几材质效果 ▽

制作茶几材质效果的操作步骤如下：

01 启动SketchUp，进入工作界面后打开智慧职教网站本课程中的"Chapter5\场景文件\茶几.skp"，其为一个茶几素模，如图5-36所示。

02 单击"材质"工具打开"材料"面板，然后选择"木质纹"中的"原色樱桃木"材质赋予底部模型，如图5-37所示。

微课：
制作茶几材
质效果

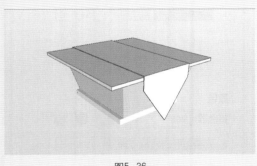
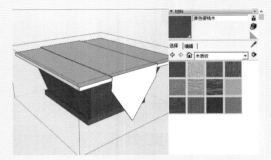

图5-36　　　　　　　　　　　　　　　　图5-37

03 由于当前木色较亮，接下来需要降低明度，因此单击进入"编辑"选项卡，然后调整色彩模式为HLS，接下来再降低其L（明度）数值，如图5-38和图5-39所示。

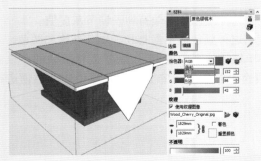
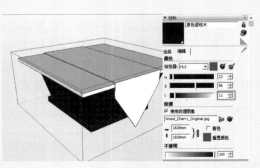

图5-38　　　　　　　　　　　　　　　　图5-39

04 材质色泽调整完成后，再注意调整好长、宽尺寸以产生合适的纹理大小，如图5-40所示。

05 材质色泽调整完成后，再注意调整好长、宽尺寸以产生合适的纹理大小，如图5-41所示。

06 选择"地毯和纺织品"中的"橄榄色菱形地毯"材质赋予顶部桌旗，如图5-42所示。

图5-40

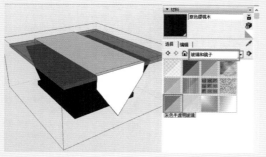

图5-41

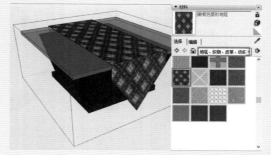

图5-42

07 单击进入"编辑"选项卡，然后调整色彩模式为RGB并调整好参数，如图5-43所示。

08 经过以上调整，茶几材质制作完成，如图5-44所示。

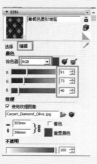

图5-43

图5-44

5.2 贴图应用及调整

SketchUp "材料"面板中虽然分门别类地自带了许多典型的贴图（纹理）材质，但并不能满足实际工作中的全部需要，因此掌握好贴图的应用与调整就显得十分必要，接下来讲解具体的方法与技巧。

5.2.1　自定义纹理 ⊙

　　如果需要新建自定义纹理的材质，可以在"材料"面板的"编辑"选项卡中勾选"使用纹理图像"复选框（或者单击"浏览"按钮），此时将弹出一个对话框用于选择贴图并导入SketchUp作为纹理。新的纹理制作完成后将其赋予模型即可产生对应的纹理效果，如图5-45和图5-46所示。

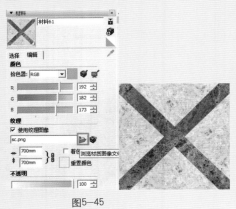

图5-45　　　　　　　　　　　　　　　　图5-46

5.2.2　调整贴图纹理 ⊙

　　在"编辑"选项卡中，对于贴图仅能调整其整体大小，如图5-47和图5-48所示。而在实际工作中要表现出如图5-48所示理想的贴图效果，还需要控制纹理的位置、角度、比例等细节，才能将想要表现的纹理细节以合适的大小、角度放置到想要出现的位置。

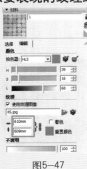

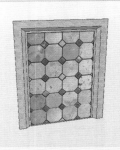

图5-47　　　　　　　　　　　　　　　　图5-48

　　此时需要在对应的模型面上右击，在弹出的快捷菜单中选择"纹理"→"位置"命令，在弹出的控制器中通过4个不同形状及颜色的别针控制纹理位置、角度、比例等细节，如图5-49和图5-50所示，接下来逐一进行介绍。

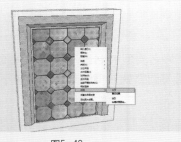

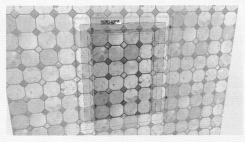

图5-49　　　　　　　　　　　　　　　　图5-50

"平行四边形变形"别针：水平拖曳蓝色的别针可以对贴图进行平行四边形变形操作，垂直拖曳该别针将产生贴图单个轴上的缩放效果，如图5-51和图5-52所示。

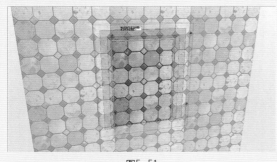

图5-51

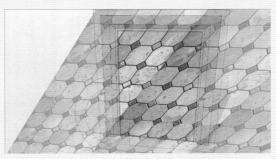

图5-52

"移动"别针：拖曳红色的别针可以同上移动贴图与控制别针，如图5-53和图5-54所示。在工作中直接在贴图上按住鼠标左键也可实现该功能。

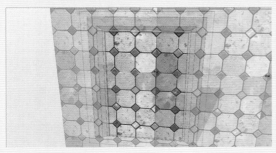

图5-53

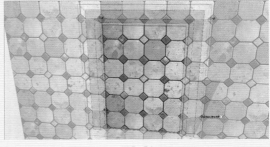

图5-54

"梯形变形"别针：拖曳黄色的别针可以对贴图进行梯形水平以及垂直方向上的变形操作，如图5-55和图5-56所示。

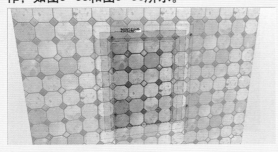

图5-55

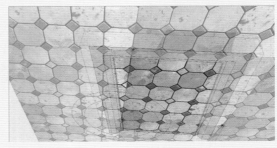

图5-56

"缩放／旋转"别针：水平拖曳绿色的别针可以对贴图进行缩放，垂直拖曳则产生旋转效果，如图5-57和图5-58所示。

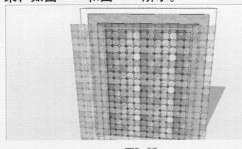

图5-57

图5-58

在出现控制别针后再右击可以通过菜单命令选择镜像与旋转操作,如图5-59和图5-60所示。

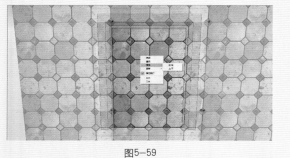
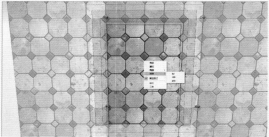

图5-59　　　　　　　　　　　　　　　　图5-60

● **技巧 提示**

出现控制别针后在右击时,对于其中的"重设"命令一定要慎用,如果选择该命令,则贴图将返回最初的调整状态,如图5-61和图5-62所示、

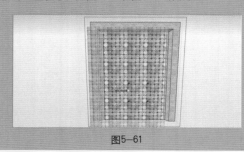

图5-61　　　　　　　　　　　　　　　　图5-62

5.2.3 实例——制作电视机材质 ▽

制作电视机材质的操作步骤如下:

01 打开智慧职教网站本课程中的"Chapter5\场景文件\电视机.skp"文件,其为一个电视机素模,如图5-63所示。

微课:
制作电视机
材质

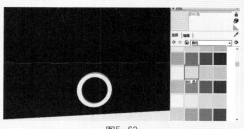

图5-63

02 单击"材质"工具,打开"材料"面板,然后选择"颜色"文件夹中的"颜色008"与"颜色D02"分别赋予电视整体以及开关按钮上的发光圆环,如图5-64和图5-65所示。

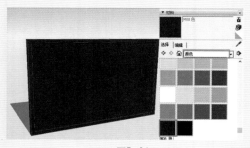
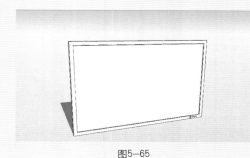

图5-64　　　　　　　　　　　　　　　　图5-65

03 选择任意材质，然后单击"创建材质"按钮新建一个材质，然后加载电视画面纹理，如图5-66所示。

04 将制作好的电视画面材质赋予对应模型面，此时产生的效果如图5-67所示。

图5-66

图5-67

05 为调整出理想的贴图效果，在模型面上右击，在弹出的快捷菜单中选择"纹理"→"位置"命令，如图5-68所示。此时将出现对应的控制别针，同时显示出电视机画面当前的大小，如图5-69所示。

图5-68　　　　　　　　　　　　　　　　　　图5-69

06 用鼠标左键按住"缩放/旋转"别针，然后水平向左拖拽并捕捉电视机内边框调整大小，如图5-70所示。

07 用鼠标左键按住"平行四边形变形"别针，然后垂直向下拖曳并捕捉电视机内边框压缩贴图，如图5-71所示。

图5-70

图5-71

1
2
3
4
5
6
7
8
9

08 调整完成后再按住鼠标左键放置好贴图位置，然后右击，在弹出的快捷菜单中选择"完成"命令，如图5-72所示。经过以上调整，电视机完成效果如图5-73所示。

图5-72

图5-73

5.2.4 实例——创建45°拼贴石材 ⊙

创建45°拼贴石材的操作步骤如下：

01 启动SketchUp，进入工作界面后打开智慧职教网站本课程中的"Chapter5\场景文件\背景墙.skp"文件，其为背景墙素模，如图5-74所示。

02 单击"材质"工具打开"材料"面板，然后选择"石头"文件夹中的"黄褐色碎石"材质赋予整体模型，如图5-75所示。

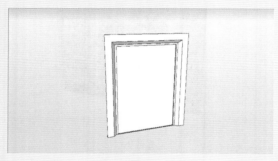

图5-74

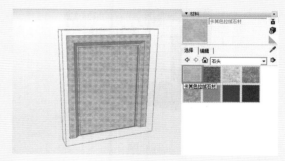

图5-75

03 选择任意材质，然后单击"创建材质"按钮新建一个材质，然后加载双拼石材纹理，如图5-76所示。

04 将制作好的材质赋予背景墙内部模型面，然后注意到贴图本身为正方形，因此将其长、宽数值调整为500mm×500mm，如图5-77所示。

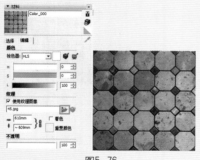

图5-76

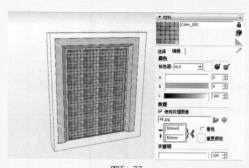

图5-77

05 为调整出理想的贴图效果，在模型面上右击，在弹出的快捷菜单中选择"纹理"→"位置"命令，如图5-78所示。

06 用鼠标左键按住"缩放/旋转"别针 ，然后垂直向上拖曳并捕捉调整出45°斜拼效果，如图5-79所示。

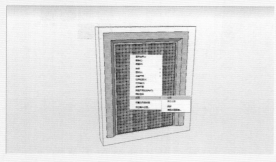

图5-78

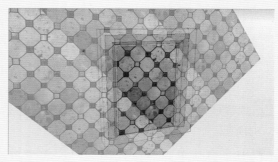

图5-79

07 用鼠标左键按住"缩放/旋转"别针，然后沿着当前的45°方向向后拖曳放大贴图，如图5-80所示。调整完成后右击，选择"完成"菜单命令，最终的效果如图-81所示。

图5-80

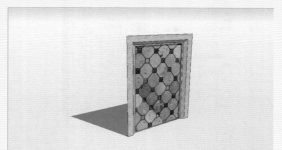

图5-81

5.3　其他常用贴图技巧

　　SketchUp中材质纹理以平铺的形式展开在对应模型表面，由于默认没有UV调整，因此在制作一些常见的纹理效果时需要应用到一些技巧。接下来通过一些典型的实例讲解这些技巧的应用方法。

5.3.1　实例——利用转角贴图制作收纳箱材质 ⊙

　　利用转角贴图制作收纳箱材质的操作步骤如下：

01 打开智慧职教网站本课程中的"Chapter5\场景文件\收纳筐.skp"文件，其为一个收纳箱素模，如图5-82所示。

02 单击"材质"工具打开"材料"面板，然后选择"颜色"文件夹中的"颜色007"赋予中部拉扣与上部分隔条，如图5-83所示。

微课：
利用转角贴
图制作收纳
箱材质

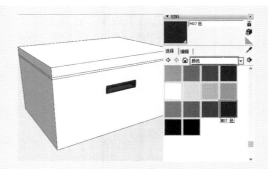

图5-82   图5-83

03 选择任意材质，然后单击"创建材质"按钮新建一个材质，最后加载藤条纹理，如图5-84所示。

04 为了调整出理想的贴图效果，在模型面上右击，在弹出的快捷菜单中选择"纹理"→"位置"命令，如图5-85所示。

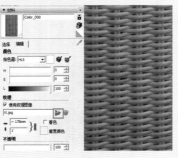
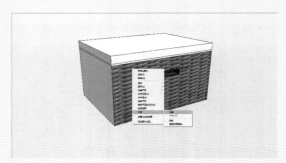

图5-84   图5-85

05 用鼠标左键按住"缩放/旋转"别针，然后水平向右拖曳调整藤条大小，然后注意在贴图中部按住鼠标左键调整好整体位置，如图5-86所示。

06 调整完成后右击，选择"完成"菜单命令，然后按住Alt键吸取调整好的材质，如图5-87所示。

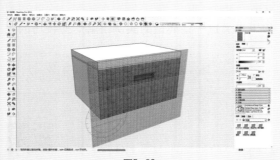
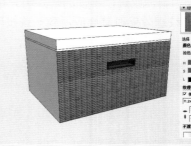

图5-86   图5-87

07 松开Alt键将吸取的材质赋予其他模型面，此时即可看到产生了相同大小的纹理，而且纹理在转折面产生了理想的衔接细节，如图5-88所示。

08 继续将材质填充到其他面，完成效果如图5-89所示。

图5-88

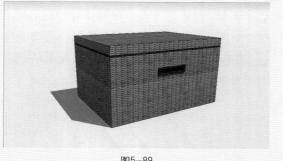
图5-89

5.3.2 实例——利用投影贴图制作百叶窗材质 ⊙

利用投影贴图制作百叶窗材质的操作步骤如下：

01 打开智慧职教网站本课程中的"Chapter5\场景文件\百叶窗.skp"文件，其为一个百叶窗素模，如图5-90所示。

微课：利用投影贴图制作百叶窗材质

02 单击"材质"工具，打开"材料"面板，选择任意材质，然后单击"创建材质"按钮新建一个材质，最后加载水墨画纹理，如图5-91所示。

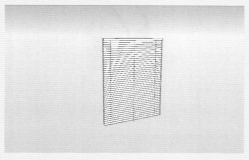
图5-90

图5-91

03 双击鼠标进入百叶群组，然后按Ctrl+A组合键选择所有百叶片，接下来单击"材质"工具，将制作好的材质赋予整体，此时产生的效果如图5-92所示，没有产生整体的水墨画效果。

04 启用"矩形"工具在百叶窗正前方绘制一个差不多大小的平面，如图5-93所示。

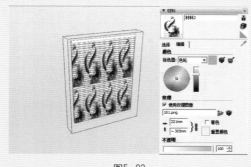
图5-92

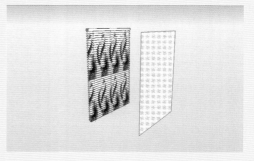
图5-93

1
2
3
4
5
6
7
8
9

05 单击"材质"工具，将制作好的材质赋予矩形平面，然后通过贴图坐标调整好，效果如图5-94所示。接下来将通过投影贴图将该调整好的效果放置于百叶窗上方。

06 在模型面上右击，在弹出的快捷菜单中选择"纹理"→"投影"命令，然后按住A1t键吸取矩形平面上的材质，如图5-95所示。

图5-94　　　　　　　　　　　　　　　　图5-95

07 再次双击进入百叶群组，然后按Ctrl+A组合键选择所有百叶片，接下来单击"材质"工具，将吸取的材质赋予此时产生的效果，如图5-96所示，可以看到产生了相当理想的水墨画效果。处理好细节，完成的最终效果如图5-97所示。

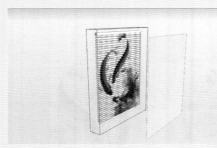

图5-96

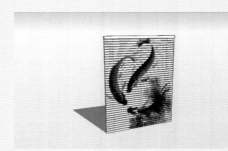

图5-97

5.3.3　实例——利用投影贴图制作球面贴图　⊙

利用投影贴图制作球面贴图的操作步骤如下：

01 打开智慧职教网站本课程中的"Chapter5\场景文件\球体.skp"文件，其为一个球体工艺品素模，如图5-98所示。

02 单击"材质"工具，打开"材料"面板，选择任意材质，然后单击"创建材质"按钮，新建一个材质，如图5-99所示。

微课：
利用投影贴
图制作球面
贴图

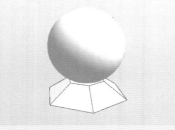

图5-98

图5-99

03 直接将制作好的玉石纹理材质赋予球体将产生重复、细碎的表面纹理细效果，如图5-100所示。

04 启用"矩形"工具，在球体正前方绘制一个差不多大小的平面，然后填充玉石纹理并调整好大小，如图5-101所示。

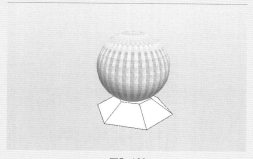

图5-100

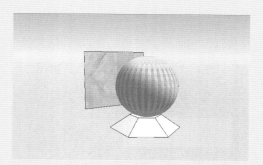

图5-101

05 在模型面上单击右键，在弹出的快捷菜单中选择"纹理"→"投影"命令，然后按住A键吸取矩形平面上的材质，如图5-102和图5-103所示。

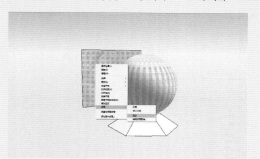

图5-102

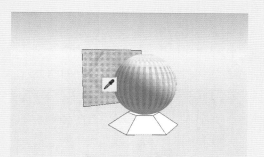

图5-103

06 单击"材质"工具，将吸取的材质赋予整体，此时产生的效果如图5-104所示，可以看到此时在球面上产生了整体的玉石纹理。

07 处理好其他材质，完成的最终效果如图5-105所示。

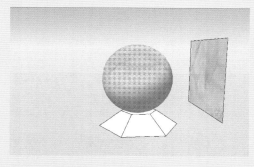

图5-104

图5-105

1
2
3
4
5
6
7
8
9

5.3.4　实例——利用PNG贴图制作灯带发光效果 ⊙

利用PNG贴图制作灯带发光效果的操作步骤如下：

01 在Photoshop中利用"渐变"与"蒙版"功能制作一个由上至下的暖色衰减贴图，然后注意将背景图层内容删除以产生部分透明效果，如图5-106所示。

02 按Ctrl+S组合键将该文件以PNG格式保存，如图5-107所示。

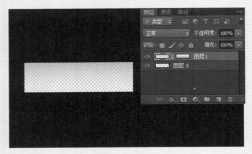

图5-106　　　　　　　　　　　　　　　　图5-107

03 打开智慧职教网站本课程中的"Chapter5\场景文件\帆船.skp"文件，如图5-108所示。接下来制作平台下方的发光效果。

04 执行"文件"→"导入"菜单命令，然后在弹出的"导入"面板中选择导入类型为"用作图像"，然后选择之前制作好的PNG格式文件，如图5-109所示。

图5-108　　　　　　　　　　　　　　　　图5-109

05 将PNG格式文件导入SketchUp后放置合适位置，然后通过"缩放"工具调整好大小，如图5-110所示。

06 经过以上步骤制作的灯带发光效果如图5-111所示。

图5-110　　　　　　　　　　　　　　　　图5-111

5.4　知识与技能梳理

　　"材料"面板可以赋予和编辑物体的材质，通过该面板可以查看和选择当前场景中已经存在的材质、系统自带的材质。

　　▶重要工具：材质、吸管工具、编辑选项卡。

　　▶核心技术：贴图细节调整。

　　▶实际运用：通过投影贴图制作材质。

5.5　课后练习

一、选择题（共4题），请扫描二维码进入即测即评。

二、简答题

1.简要说明常用的贴图技巧。

2.简要说明怎样调整贴图。

5.5 课后练习

Chapter 6

SketchUp模型管理

　　在利用SkechUp创建模型的过程中，根据模型种类、功能等属性区别，分门别类地管理好模型，有利于工程质量以及工作效率的提升。同时对已经创建好的模型归类后再单独保存为外部文件，可以分享给他人，也方便以后的工作。在SketchUp中用于管理模型的功有3个，分别为群组、组件以及图层。接下来逐一讲解这3个工具各自管理模型的方法与技巧。

	知识点 ＼ 学习目标	了解	掌握	应用	重点知识
学习要求	创建群组		🚩		
	编辑群组				🚩
	创建组件			🚩	
	插入组件	🚩			
	图层工具栏		🚩		
	图层管理器		🚩		

6.1　群组

　　群组是SketchUp内部管理的主要功能。在工作中分步创建一个整体的模型时，可以适时将一些具有独立属性的模型创建为群组。比如一套餐桌椅中的椅子，待整体模型创建完成后，也可以通过群组将这些零散的"模型"捆绑成一个整体，既方便在场景中选择和编辑，也能避免产生误选、误删。

6.1.1　创建群组 ▽

　　1.群组的特点（以下群组简称为"组"）

　　快速选择：选择一个组时，组内所有的元素都将被选中。

　　几何体隔离：编组可以使组内的几何体和模型的其他几何体分隔开来，这意味着不会影响组外其他几何体。

　　组织模型：可以把几个组再编为一个组，创建一个分层级的组。

　　改善性能：用组来划分模型，可以使SketchUp更有效地利用计算机资源，这意味着更快的绘图和显示操作。

　　组的材质：分配给组的材质会由组内使用默认材质的几何体继承，而指定了其他材质的几何体则保持不变，这样可以快速地给某些特定的表面上色。

　　2.创建组

　　创建组的操作步骤如下：

　　1）使用选择工具，选中要编辑的几何体，如图6-1所示。

　　2）在"编辑"菜单中选择"创建群组"命令，也可以在选集上右击，在弹出的快捷菜单中选择"创建群组"命令，如图6-2所示。

　　几何体编组后，在外侧会有一个亮显的边界盒，如图6-3所示。

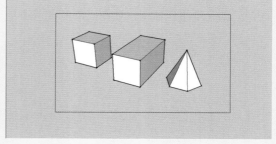

图6-1

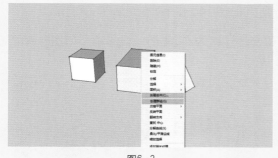

图6-2

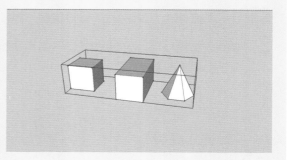

图6-3

6.1.2 实例——创建木椅 ▽

下面通过创建木椅来讲解如何进行群组的创建。创建木椅的操作步骤如下：

微课：
创建木椅

01 启用"矩形"工具，绘制一个400mm×400mm的正方形作为椅子坐板平面，如图6-4所示。

02 再绘制一个40mm×40mm的正方形作为椅子支撑脚平面，如图6-5所示。

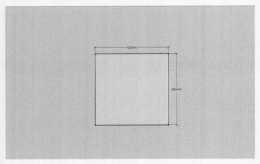

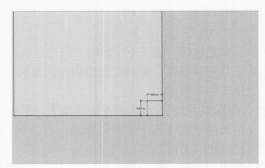

图6-4   图6-5

03 复制支撑脚至另外3个角点，然后选择中部的坐板细节平面并右击，在弹出的快捷菜单中选择"创建群组"命令，如图6-6和图6-7所示。

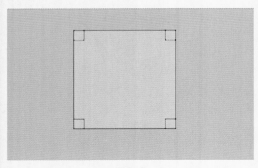

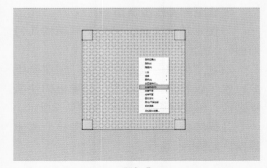

图6-6   图6-7

04 启用"推/拉"工具并按下Ctrl键制作两段分别为5mm和100mm的厚度，如图6-8所示。

05 选择顶部模型面，启用"缩放"工具并按下Ctrl键以0.98的比例向内缩小，如图6-8所示。制作坐板顶部斜面细节，如图6-9所示。

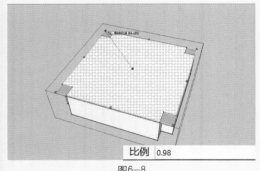

比例 0.98

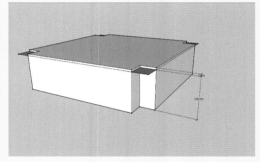

图6-8   图6-9

06 结合"偏移"与"推/拉"工具制作坐板底部细节，具体尺寸如图6-10所示。

07 通过类似方式制作好坐板四周斜面细节，完成效果如图6-11所示。

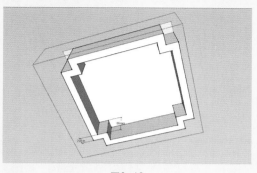

图6-10

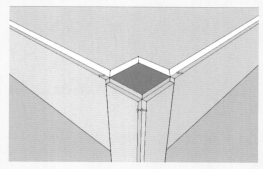

图6-11

08 接下来制作支撑脚细节。启用"推/拉"工具并按住Ctrl键制作3段分别为5mm、500mm和5mm的厚度，如图6-12所示。

09 结合"推/拉"与"缩放"工具制作好支撑脚各处斜面细节，如图6-13所示。

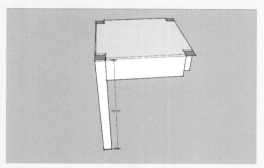

图6-12

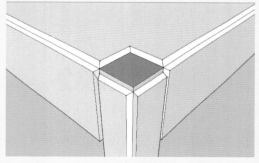

图6-13

10 选择细化好的支撑脚并右击，在弹出的快捷菜单中选择"创建群组"命令，如图6-14所示。

11 向后移动复制出后方支撑脚，然后选择顶部模型面向上提高210mm，如图6-15所示。

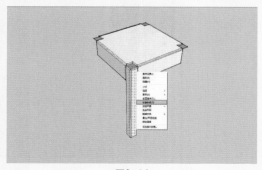

图6-14

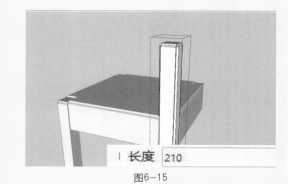

图6-15

12 向左整体移动复制前后支撑脚，完成效果如图6-16所示。

13 启用"圆弧"工具绘制背靠路径，具体尺寸如图6-17所示。

1
2
3
4
5
6
7
8
9

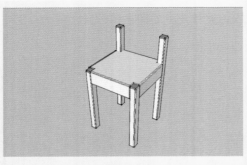

图6-16

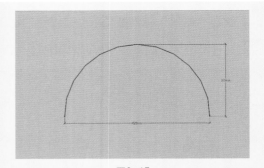

图6-17

14 启用"直线"工具绘制背靠截面，具体尺寸如图6-18所示。

15 选择之前创建好的圆弧路径，然后启用"放样"工具并选择截面制作好靠背造型，如图6-19所示。

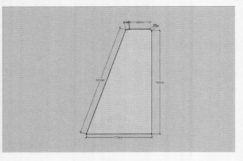

图6-18

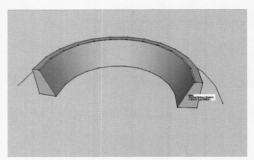

图6-19

16 处理好材质，完成效果如图6-20和图6-21所示。

图6-20

图6-21

6.1.3 分解群组 ▽

1. 分解组

可以将组打散为各个组成部分。其操作步骤如下：

1)在"选择"工具中选中要分解的组。

2)在选集上右击，在弹出的快捷菜单中选择"分解"命令。

分解后，组会恢复为编组前的状态。组内的几何体会和外部相连的几何体结合。如果组内还有嵌套的组，分解后会变为独立的组，如图6—22所示。

如果需要将群组还原到之前的状态，可以执行"分解组"命令来实现。

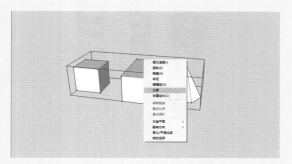

图6—22

2．分解单一群组

选中要分解的组，然后右击，在弹出的快捷菜单中执行"分解"命令，此时由于失去了群组"隔离"的效果，原有内部与外形相接的几何体将产生相连效果，如图6—23～图6—25所示。

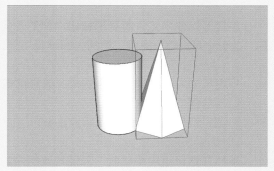

图6—23

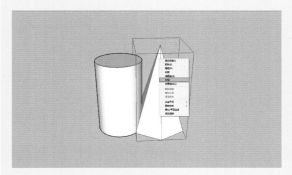

图6—24

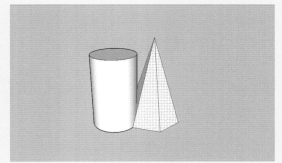

图6—25

3．分解嵌套群组

嵌套群组在分解操作上没有太大区别，但要注意的是，每进行一次操作只能分解选择的群组。比如，在图中选择的是最外部的群组，因此此次分解只会解散最外部的群组，而内部其他群组效果则将保留，如图6—26和图2—27所示。相应的，如果首先双击进入群组内部，然后选择内部群组执行相同操作，则此时只解散在内部选择的群组，内部其他群组以及外部群组均将保留。

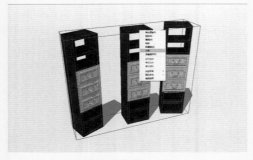

图6-26

图6-27

6.1.4 编辑群组 ▼

1．编辑组

在实际操作中经常需要编辑组内部的几何体，但是分解并进行编辑后再重新编组是很麻烦的。为此，SketchUp提供了组的内部编辑功能，如图6-28所示。

（1）进入群组内部的方式

1）在组的右键快捷菜单中选择"编辑群组"命令。

2）用选择工具双击组。

3）选中组后按Enter键进入组内。

（2）群组内部编辑

虽然在进行组内编辑时，只能修改组内的几何体，但是仍然可以使用外部的几何体进行参考捕捉，如图6-29所示。

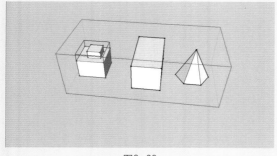

图6-28

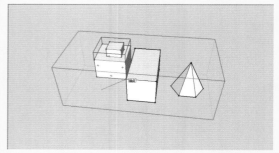

图6-29

（3）退出群组内部编辑

1）在任何无实体区域右击，在弹出的快捷菜单中选择"关闭群组"命令。

2）用"选择"工具在组外的任何区成单击。

3）在"编辑"菜单下选择"关闭群组"命令。

4）按Esc键。

2．组和材质

在SketchUp中，几何体刚创建时分配的是默认材质。默认材质在"材料"面板中显示为图。

在给组赋予材质的时候，组内使用默认材质的几何体继承分配给组的材质，而之前已经指定了其他材质的几何体的材质保持不变，如图6-30和图6-31所示。

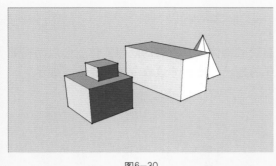

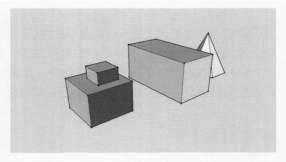

图6-30   图6-31

3．组的右键快捷菜单

在创建的群组上右击，将弹出一个快捷菜单，如图6-32所示。

群组的右键快捷菜单命令介绍如下。

(1)图元信息

在快捷菜单中选择"图元信息"命令，将弹出"图元信息"对话框，以浏览和修改组的属性参数，如图6-33所示。

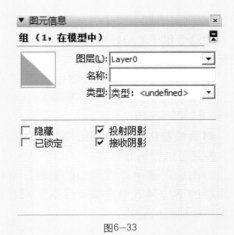

图6-32   图6-33

"选择材质"窗口 ▧：单击该窗口将弹出"选择材质"对话框，用于显示和编辑赋予组的材质。对话框左侧会显示在组外部赋予的材质，并且可以编辑此材质。如果没有应用材质，将显示为默认材质，如图6-34所示。

图层：显示和更改群组所在的图层。可以在图层的下拉列表中选择其他图层来讲该群组移动到别的图层。

名称：编辑组的名称。

类型：编辑该组件在IFC数据库中的类型。

隐藏：选中该复选框后，组将被隐藏。

已锁定：选中该复选框后，组将被锁定，组的边框将以红色亮显。

投射阴影：选中该复选框后，组可以产生阴影。

接收阴影：选中该复选框后，组可以接收其他物体的阴影。

(2)删除

该命令用于从模型中删除当前所选中的组。

(3)隐藏/显示

该命令用于隐藏/显示当前选中的组。

隐藏会使所选实体不可见。如果开启了"虚显隐藏物体",所有的隐藏实体就会以网格显示,仍然可以选择它们进行编辑。此外,如果选择的是已隐藏物体该命令就会变为"显示",可以使实体恢复可见,如图6-34和图6-35所示。

图6-34

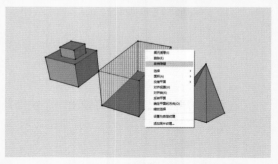

图6-35

(4)创建组件

该命令用于将组转换为新的组件定义。

①材质:显示分配给群组定义的材质,如果没有指定材质,将显示默认材质图标,如图6-36所示。

对话框左侧会显示在组外部赋予的材质,并且可以编辑此材质。

②图层:显示群组所在的图层。可以在图层的下拉列表中选择其他图层来将该群组移动到别的图层。

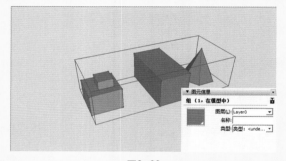

图6-36

③投影与受影:当"投影"被选中时,群组内部的实体表面会产生投影。当"受影"被选中时,群组内部的实体表面会接受投影。

在SketchUp中相关模型创建为群组后,可以直接在群组外部赋予材质,如果群组内使用的是同一材质,此时所有模型面的材质均将被填充(替换),如图6-37和图6-38所示。

图6-37

图6-38

要顺利实现群组内材质一次性填充（替换），要保证在模型创建为群组前必须为默认材质，在创建为群组后可以填充其他材质，填充完成后如果想要替换材质，则可以直接在群组外操作。此外如果是嵌套群组，则该操作只对内部满足如上要求的群组产生作用，不满足要求的群组则保持为原有填充材质，如图6-39和图6-40所示。

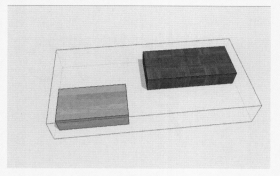

图6-39

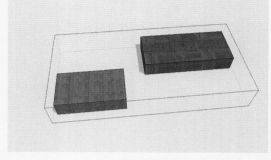

图6-40

也只有这类群组或组件右击之后的快捷菜单中的"解除黏接"这项为可选。"解除黏接"命令可以让该组脱离吸附的表面，如图6-41和图6-42所示。

(5)解除黏接

如果一个组件是在一个表面上直接拉伸完善而成，那么该组件在移动过程中就会存在吸附这个面的现象，表面出现四个十字点，同时无法捕捉其他面作为移动结束点。这个时候就要执行"解除黏接"命令使物体自由捕捉参考点进行移动，如图6-43所示。

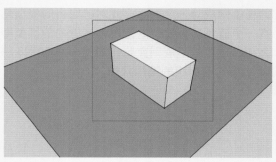

图6-41

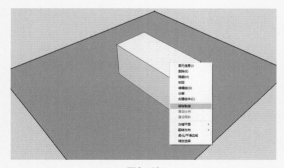

图6-42

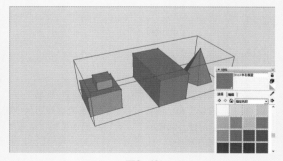

图6-43

(6)重设比例

该命令用于取消对组的所有缩放操作，恢复原始比例和尺寸大小。

(7)重设倾斜

该命令用于恢复对组的扭曲变形操作。

对一个组的多个坐标方向进行缩放，会导致组的扭曲变形。如果不需要非等比缩放的效果，可以用"重设倾斜"来纠正。

在SketchUp中，如果创建好模型的各个部分后，当选择其中某一部分模型进行移动、缩放或是旋转时，与其相连的模型会产生不规则的变化，影响到整体模型的效果，如图6-44和图6-45所示。

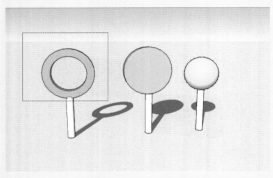

图6-44

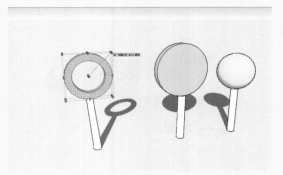

图6-45

而如果选中要单独成为群组的模型，然后右击，执行"创建群组"命令，执行完成后选中的模型即成为一个群组，此时群组内的模型与群组外的模型就不再有粘连关系（选择群组后会有一个蓝色高亮显示的范围框，框内的模型即属于选择的群组）。当再进行编辑时就不会产生之前出现过的不规则变化，如图6-46和图6-47所示。完成组内的编辑后，在组外单击或者按Esc键即可退出组的编辑状态。

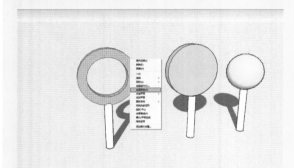

图6-46

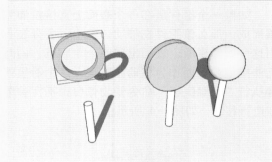

图6-47

● 技巧 提示

创建群组的快捷键为G，也可以执行"编辑"→"创建群组"菜单命令。群组创建完成后如果需要编辑其内部的模型时，直接在群组上双击或者在组的右键快捷菜单中执行"编辑组"命令，即可进入组内进行常规的点、线、面编辑，此时群组的外框会以虚线显示，群组外部物体以灰色显示。

6.1.5 实例——嵌套群组 ⊙

下面通过创建柜子群组介绍嵌套群组操作。

01 启动SketchUp，打开智慧职教网站本课程中的"Chapter6\场景文件\柜子.skp"文件，如图6-48所示。

微课：
嵌套群组

02 逐步选择柜子，分个右击在弹出的快捷菜单中选择"创建群组"，如图6-49所示。

图6-48

图6-49

03 整体选择柜子，右击，在弹出的快捷菜单中选择"创建群组"命令，完成群组嵌套，如图6-50和图6-51所示。

图6-50

图6-51

04 嵌套群组制作完成后，可以方便整体选择进行移动、复制等操作，如图6-52所示，也可以双击进入群组对内部群组进行类似操作，如图6-53所示。

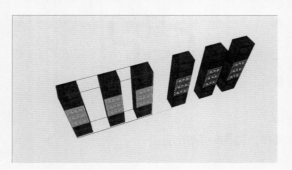

图6-52

图6-53

6.2 组件

与上一节介绍的群组功能类似，组件也可以将一个或名个几何体的集合定义为一个单位，使之可以像个物体那样进行操作。除此之外，组件还拥有另外两个更为强大的功能。

1
2
3
4
5
6
7
8
9

6.2.1 创建组件 ▽

1. 组件

组件是将一个或多个几何体的集合定义为一个单位。

实际上，组件就相当于一个SketchUp文件，可以放置或插入到其他的SketchUp场景中去。组件可以是独立的物体，也可以是关联物体。组件的尺寸和范围不是预先设定好的，也没有限制。组件可以是简单的一条线，也可以是整个模型，以及其他的各种类型。

除了包括群组的特点之外，组件还具备以下特点。

(1)关联行为

如果编辑一组关联组件中的一个，其他所有的关联组件也会同步更新，可大大地提高工作效率。

(2)组件管理器

SketchUp附带一系列预设组件库，用户也可以创建自己的组件库，并和他人分享，如图6-54所示。

(3)文件链接

组件不只存在于创建它们的文件中（内部组件），还可以将组件导出用到别的SKP格式文件中。

(4)组件替换

可以用别的组件来替换当前模型中的组件。这样可以进行不同细节等级的建模和渲染。

(5)特殊的对齐行为

组件可以对齐到不同的表面上，并且在所附着的表面上开洞。组件还可以有自己内部的绘图坐标轴。

1)组件通过复制将得到关联组件（或称相似组件）后，双击进入内部编辑其中一个组件时，其余关联组件也会一起进行改变；而组进行复制后，如果编辑其中的一个组，其他复制的组不会发生改变，如图6-55~图6-58所示，可极大地方便场景模型的编辑和管理。

2)组件创建完成后会在对应"组件"面板中生成预览图，方便用户单独保存以及进行编辑等操作，如图6-59所示。

图6-54

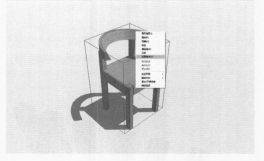

图6-55

图6-56

图6-57

图6-58

图6-59

2. 创建组件

选中要单独成为组件的模型，然后右击，在弹出的快捷菜单中执行"创建组件"命令，如图6-60所示。

执行"创建组件"命令后，将会弹出"创建组件"对话框，如图6-61所示。设置好其中的相关参数，然后单击"创建"按钮即可将选择的目标模型创建为组件，如图6-62所示。同样，组件被选择时会有个蓝色高亮显示的范围框，起到整体选择以及与组件外部模型隔离的效果。

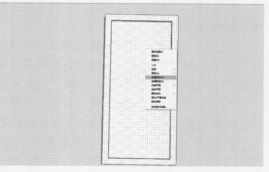

图6-60

图6-61

图6-62

● **技巧 提示**

选中目标模型后，执行"编辑"→"创建组件"菜单命令，也可启用组件创建功能。

3. "创建组件"对话框参数介绍

"名称"／"描述"文本框：通过其后方的输入框可对组件命名以及描述组件的相关信息。

黏接至：该命令用来指定组件插入时自动对齐（放置）的面，可以在下拉列表中选择"无""任意""水平""垂直"或"倾斜"，如图6-63所示，通常选择"任意"即可。

"设置组件轴"按钮 [设置组件轴]：单击该按钮可以在组件内部设置坐标轴，如图6-64所示。

1
2
3
4
5
6
7
8
9

图6-63

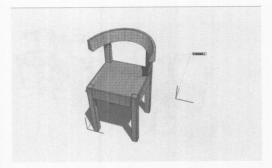

图6-64

切割开口：勾选该复选框后，创建好的组件将在吸附的表面上开洞。在制作门窗构件时通常需要勾选该参数。

总是朝向相机：调整好模型细节最丰富的一面面对当前视角，然后在创建为组件时勾选该复选框可以使组件始终保持该模型面对齐视图，并且不受视图变更的影响。这一点在景观效果的制作中尤为有效，可以使二维树、人物平面始终保持理想的观察效果。

阴影朝向太阳：该复选框只有在"总是朝向相机"选项开启后才能生效，可以保证物体的阴影始终与当前观察视图保持一个良好的效果。

用组件替换选择内容：勾选该复选框可以将当前用于创建组件的模型转换为组件。如果没有选择此选项，则只会在"组件"面板中生成制作好的预览图，而场景中的模型不会产生任何变化。

6.2.2 实例——制作花瓶摆件

制作花瓶摆件的操作步骤如下：

01 启动SketchUp，打开智慧职教网站本课程中的"Chapter6\场景文件\花瓶摆件.skp"文件，如图6-65所示。

微课：
制作花瓶
摆件

02 此时转动视角可以观察到花瓶纹理有一部分不理想，如图6-66所示，接下来通过将其创建为组件，然后将纹理效果理想的一面始终朝向摄影机。

图6-65

03 再次转动视角以观察到花瓶理想的一面，然后右击，在弹出的快捷菜单中选择"创建组件"命令，如图6-67所示。

图6-66

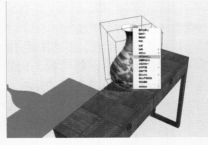

图6-67

04 在弹出的"创建组件"对话框中勾选"总是朝向相机"和"阴影朝向太阳"复选框，然后单击"创建"按钮，如图6-68所示。

05 组件创建完成后再次移动观察视角，可以看到此时花瓶总是以以前设定的方向朝向摄影机，展示理想的纹理效果，如图6-69所示。要注意的是，此时花瓶位置产生了一些偏移。

图6-68

图6-69

06 将花瓶移动至桌面中心位置，如图6-70所示。经过以上处理即制作好了花瓶组件，完成效果如图-71所示。

图6-70

图6-71

6.2.3 插入组件 ▽

（1）通过"组件"面板选择插入组件

执行"窗口"→"组件"菜单命令，打开"组件"面板，然后在"选择"选项卡中选中一个组件，接着在绘图区单击，即可将选择的组件插入当前视图，如图6-72和图6-73所示。

如果在模型中放置或创建了组件，这些组件会添加到模型组件库中，单击"在模型中"标签查看模型组件库。

● **技巧 提示**

执行"文件"→"导入"菜单命令也可以将扩展名为skp的组件直接导入当前场景。在工作中也可以直接打开其他场景，然后选择其中的组件按Ctrl+C组合键复制，再切换至当前的场景按Ctrl+V组合键粘贴。

1
2
3
4
5
6
7
8
9

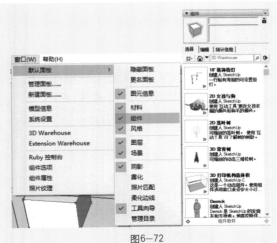

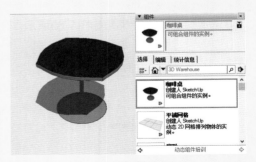

图6-72   图6-73

在管理器中选中一个组件，单击"编辑"标签或者右击并在弹出的快捷菜单中选择"属性"命令，进入"编辑"选项卡修改组件的属性。"编辑"选项卡下面的"载入来源"表示组件进入模型的路径，单击其右侧的小房子图标，会出现对话框，提示用户选择其他组件替换当前选中的组件，如图6-74和图6-75所示。

图6-74   图6-75

在管理器中选中一个组件，在"统计信息"选项卡中查看组成组件的各个项目的详细信息，如图6-76所示。

在浏览器中选中一个组件，右击会出现相关操作提示，如图6-77所示。

图6-76   图6-77

(2)从已有的文件选择插入组件

执行"文件"→"导入"菜单命令，弹出"打开"对话框，选中一个文件。也可以单击组件管理器上的文件夹图标来选择外部文件，如图6-78所示。

图6-78

直接将SKP格式文件拖放到绘图窗口中。首先，找到目标位置的文件图标，单击把它拖到任何打开的绘图窗口。松开鼠标，把这个文件作为一个组件放置。

要把SKP格式文件作为组件插入到当前文件，需要记住以下内容：默认的插入点是组件内部的坐标原点。要改变默认插入点，可以在插入之前改变组件文件的坐标位置。

（3）将内部组件保存为外部文件

要将一个组件保存为一个独立的SKP格式文件，以便应用到别的模型中，在组件的右键快捷菜单中选择"另存为"即可，如图6-79所示。

图6-79

6.2.4 实例——制作毛巾收纳箱

制作毛巾收纳箱的操作步骤如下：

01 启动SketchUp，打开智慧职教网站本课程中的"Chapter6\场景文件\收纳箱.skp"文件，如图6-80所示。

微课：制作毛巾收纳箱

图6-80

02 选择顶部盖子模型，右击将其创建为群组，然后调整好位置，如图6-81和图6-82所示。

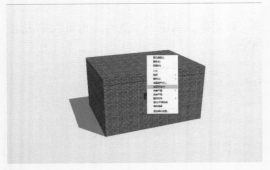

图6-81

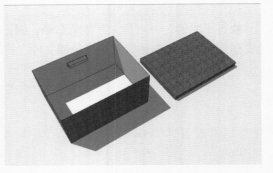

图6-82

03 启用"推/拉"工具，按下Ctrl键，将四周平面加厚3mm，如图6-83和图6-84所示。

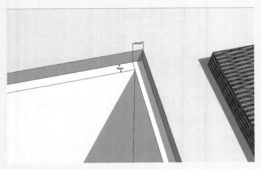

图6-83

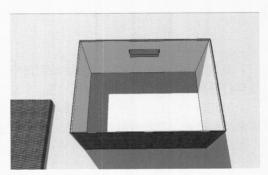

图6-84

04 结合"偏移"与"推/拉"工具制作好结合部细节，如图6-85和图6-86所示。

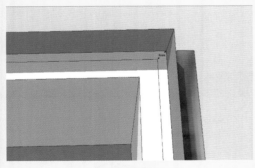

图6-85

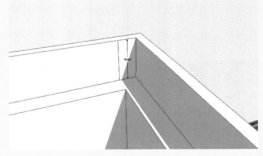

图6-86

05 删除多余线段，然后调整好材质细节，完成收纳箱效果，如图6-87所示。

06 将"毛巾.skp"文件复制到SketchUp安装路径下的Components文件夹内，如图6-88所示。

07 执行"窗口"→"组件"菜单命令，打开"组件"面板，然后单击对应的"毛巾"组件放置至收纳盒内，最后启用"缩放"工具调整好大小，如图6-89和图6-90所示。

图6-87

图6-88

图6-89

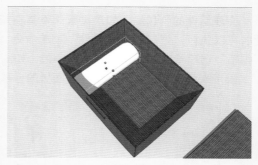

图6-90

08 复制并排列毛巾，完成的最终效果如图6-91所示。

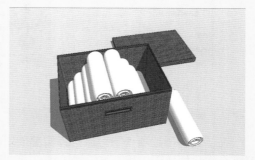

图6-91

6.2.5 编辑组件

1．编辑组件造型

与群组的编辑类似，模型在创建为组件后，内部的模型对象与外部相连时不会产生粘连。而双击进入组件后以自由对内部模型进行编辑，这样可以避免分解组件进编辑后再重新创建组件，如图6-92和图6-93所示。

> ● **技巧 提示**
>
> 如果场景中有复制得到的组件，则进入任意一个内部编辑时，所有相关的组件均会产生同步的改变。此时，如果只需要对其中某一些组件进行单独调整，可以在其上方右击，在弹出的快捷菜单中选择"设为独立"命令。

1
2
3
4
5
6
7
8
9

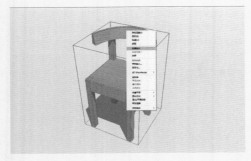

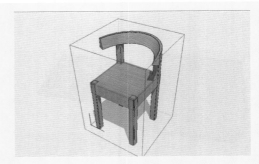

图6-92   图6-93

2. 编辑组件属性

完成组件的制作后，如果需要调整其在如图6-94所示的"创建组件"面板中的属性设置，此时可以执行"窗口"→"组件"菜单命令，打开"组件"面板，然后选择要调整的组件进入"编辑"选项卡即可调整对应属性参数，如图6-94～图6-96所示。

接下来就来详细讲解"组件"面板的各项功能参数。

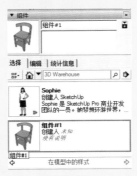

图6-94   图6-95   图6-96

(1)"选择"选项卡

在"选择"选项卡下可以选择需要使用的组件，并能对组件显示方式进行调整。此外，还可以完成组件保存、替换等常规操作。

"选择"选项卡参数介绍如下。

"查看选项"按钮 ：单击该按钮将弹出一个下拉菜单，其中包含了4种图标显示方式和"刷新"命令，如图6-97所示。其中前3种用于显示不同大小的预览图标，"列表"方式则用纯文字信息显示组件，如图6-98所示。

图6-97   图6-98

"模型中"按钮 🏠：单击该按钮将显示当前模型中正在使用的组件，如图6-99所示。然后可选择"编辑"或"统计信息"选项卡调整组件属性或查看组件信息。

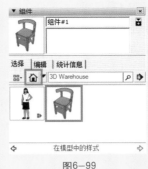

图6-99

"导航"按钮 ▼：单击该按钮将弹出一个下拉菜单，用户可以通过选择不同的类型名称切换显示不同的组件，如图6-100所示。

"详细信息"按钮 ➡：选择目标组件，单击该按钮将会弹出一个快捷菜单，其中的"另存为本地集合"选项用于将选择的组件进行保存收集；"清除未使用项"选项用于清理多余的组件，如图6-101所示。

图6-100

图6-101

(2) "编辑"选项卡

对于已经制作好的组件，可以在"选择"选项卡中选择，然后进入"编辑"选项卡即可调整组件的黏接、切割和阴影朝向等属性，如图6-102所示。

(3) "统计信息"选项卡

在"选择"选项卡中选择目标组件，然后进入"统计信息"选项卡就可以查看该组件中所有几何体的数量，如图6-103所示。

图6-102

图6-103

3.组件的显示控制

当双击进入组件内部时，可以看到系统会淡化显示组件相关以及组件外部的效果，如图6-104所示。通过"模型信息"面板或者通过"视图"菜单可以进一步调整这种显示效果。

(1)通过"模型信息"管理器

执行"窗口"→"模型信息"菜单命令，打开"模型信息"面板，如图6-105所示。进入其中的"组件"选项卡后，通过其中的"组件/组编辑"参数组可以调整组件的显示效果。

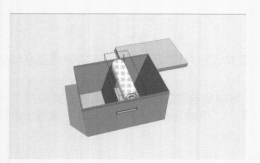

图6-104

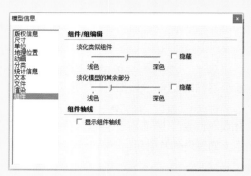

图6-105

淡化类似组件：向左调整下方的滑块会使"窗口"组件(由某一个组件复制得到其他组件)趋向透明，向右调整则趋向实体显示，如果勾选后方的"隐藏"，则相似组件不会再显示，如图6-106所示

淡化模型的其余部分：向左调整下方的滑块会使组件外的其他模型(不包括其他相似组件)趋向透明，向右调整则趋向实体显示，如果勾选后方的"隐藏"，则外部模型不会再显示，如图6-107所示。

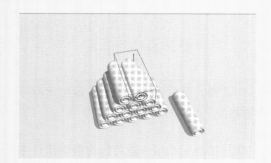

图6-106

图6-107

(2)通过"视图"菜单

执行"视图"→"组件编辑"→"隐藏剩余模型(隐藏类似的组件)"菜单命令时，会产生与在"组件/组编辑"参数组勾选"隐藏"复选框同样的效果，如图6-108所示。

图6-108

6.3 图层

群组与组件常用于场景中某部分实体模型的管理，而图层工具则用于对场景包括二维线条在内的所有图形元素的分类、显示或隐政，以全局的方式对场景进行选择控制与管理。

6.3.1 "图层"工具栏 ▼

执行"工具"→"工具栏"菜单命令，打开"工具栏"面板，勾选其中的"图层"参数即可显示对应的"图层"工具栏，如图6-109所示。

"图层"工具栏参数介绍如下。

图层下拉按钮 ▨：单击该按钮将展开图层下拉列表，其中列出了模型中所有的图层，如图6-110所示。

图6-109

图6-110

● 技巧 提示

在同一场景中"图层"下拉列表中出现的图层与"图层"面板中出现的图层是一一对应的，通过"图层"下拉列表选择图层后，相对应的在图层管理器中的当前图层会被激活成当前图层（即前方圆圈内出现黑点）。当选中了某图层上的模型时，"图层"下拉列表内其所在图层会以黄色高亮显示，提醒用户当前选择的图层。

6.3.2 "图层"面板 ▼

执行"窗口"→"默认面板"→"图层"命令，即可调出"图层"面板，如图6-111所示。

"图层"面板参数设置如图6-112所示，显示了模型中所有的图层及其对应的颜色，并指出图层是否可见，通过该面板可以查看和编辑图层，也可以新建、删除图层。

"图层"面板参数介绍如下。

"添加图层"按钮 ⊕：单击该按钮可以新建一个图层并能对新图层命名，如图6-113所示。

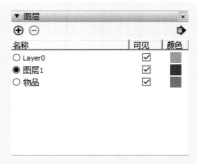

图6-111　　　　　　　　　　　　　　　　图6-112

"删除层"按钮 ⊖：单击该按钮可以将选中的图层删除，如果要删除的图层中包含了物体，将会弹出一个对话框询问处理方式，如图6-114所示。

- 将内容移至默认图层：选择该单选按钮将会把要删除的图层中的内容移动到Layer0内。
- 将内容移至当前图层：选择该单选按钮将会把要删除的图层中的内容移动到当前图层内。
- 删除内容：选择该单选按钮会将图层以及图层中的内容全部删除。

图6-113

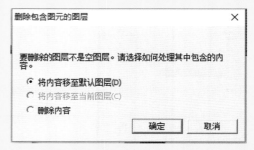

图6-114

● 技巧 提示

　　在新建图层的时候，系统会为每一个新建的图层匹配一个不同于其他任何图层的颜色。图层的颜色可以进行修改。

"名称"栏：在"名称"栏下列出了场景中所有图层的名称，图层名称前面的圆内有一个点的表示是当前图层，用户可以通过单击圆来设置当前图层。单击图层的名称可以输入新名称，完成输入后按Enter键确定即可，如图6-115所示。

图6-115

"可见"栏："可见"栏下的选项用于显示或者隐藏图层，勾选即表示显示，取消勾选即隐藏。要注意的是，如果将隐藏图层设置为当前图层，则该图层会自动变成可见层。

"颜色"栏："颜色"栏下列出了每个图层的颜色，单击颜色色块可以为图层指定新的颜色。单击"图层"面板右上角的按钮，然后在弹出的菜单中选择"图层颜色"命令，此时图像中的模型将显示对应的图层颜色，如图6-116和图6-117所示。

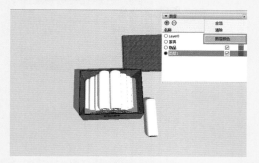

图6-116

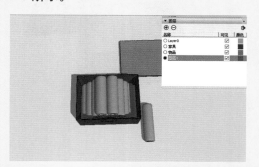

图6-117

"详细信息"按钮：单击该按钮将弹出子命令菜单，如图6-118所示。

- 全选：该择选项后可以选中模型中的所有图层。
- 清除：该择选项用于清理所有未使用过的图层。
- 图层颜色：如果用户选择了"图层颜色"选项，那么渲染时图层的颜色会赋予该图层中的所有物体。由于每一个新图层都有一个默认的颜色，并且这个颜色是独一无二的，因此使用"图层颜色"选项将有助于快速直观地分辨各个图层。

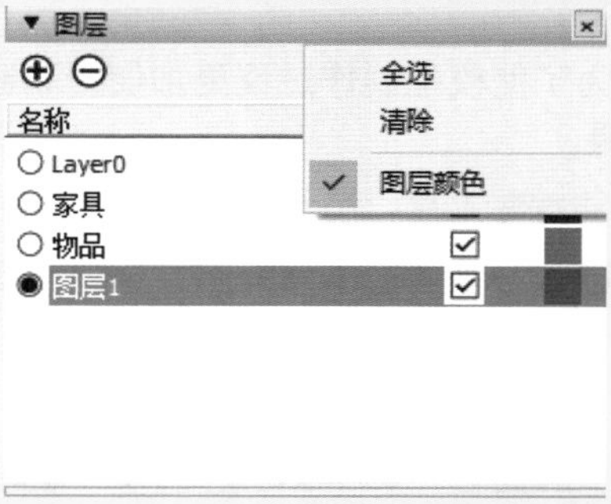

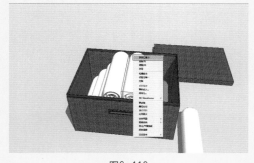

图6-118

6.3.3 图层属性

在图形元素上右击，然后执行"图元信息"命令可以打开"图元信息"对话框，如图6-119和图6-120所示。

图6-119

图6-120

在该对话框中可以查看选中图形元素的一些信息，而通过"图层"下拉列表可改变元素所在的图层，如图6-121和图6-122所示。

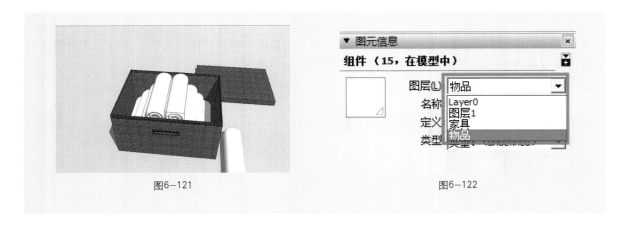

图6-121　　　　　　　　　　　　　　　图6-122

6.4　知识与技能梳理

为了使模型制作过程更加便捷和避免粘连，需要通过创建群组和组件来操作物体以达到所需要的效果。

▶重要工具：群组、组件、图层工具栏和管理面板。

▶核心技术：创建群组、创建和编辑组件、赋予材质。

▶实际运用：创建木椅和柜子、制作花瓶摆件。

6.5　课后练习

一、选择题（共4题），请扫描二维码进入即测即评。

二、简答题

1．简要说明有几种创建组件的方法。

2．简要说明如何分解组件和群组。

6.5 课后练习

Chapter **7**

室内设计实战
——北欧风格卫浴空间设计

　　室内设计是以功能设计和精神享受两方面为重点，营造一个具体的空间形态，创建满足人们物质和精神双重需求的室内环境。北欧风格的卫浴空间设计是一种简洁、直接、重视功能化且贴近自然的设计风格。

学习要求	知识点 　　　　　　学习目标	了解	掌握	应用	重点知识
	室内设计概述	⚑			
	室内设计风格	⚑			
	室内设计的原则		⚑		
	室内建模的一般流程		⚑		
	SketchUp在室内设计中的运用			⚑	

7.1 室内设计概述

室内设计发展到现今，其概念主要是根据建筑空间的使用性质、功能需求、所处的环境以及对应标准，通过相关设计原理、美学观念及物质工艺手段，创建出功能优越、美观牢固且满足人们物质和精神双重需求的室内环境。

7.1.1 室内设计定义 ▼

室内设计是根据建筑物的使用性质、所处环境和相应标准，运用物质技术手段和建筑设计原理，创造功能合理、舒适优美、满足人们物质和精神生活需要的室内环境。这一空间环境既具有使用价值，满足相应的功能要求，同时也反映了历史文脉、建筑风格、环境、气氛等精神因素。明确地把"创造满足人们物质和精神生活需要的室内环境"作为室内设计的明确目的，如图7-1所示。

图7-1

室内设计是指为满足一定的建造目的（包括人们对它的使用功能的要求、对它的视觉感受的要求）而进行的准备工作，对现有的建筑物内部空间进行深加工的增值准备工作。目的是为了让具体的物质材料在技术、经济等方面，在可行性的有限条件下形成能够成为合格产品的准备工作。这需要工程技术上的知识，也需要艺术上的理论和技能。室内设计是从建筑设计中的装饰部分演变出来的，是对建筑物内部环境的再创造。室内设计可以分为公共建筑空间和居家两大类别。当人们提到室内设计时，会提到的还有动线、空间、色彩、照明、功能等相关的重要术语。

室内设计泛指能够实际在室内建立的任何相关物件，包括墙、窗户、窗帘、门、表面处理、材质、灯光、空调、水电、环境控制系统、视听设备、家具与装饰品的规划。

此外，随着人类文明的发展，室内材料以及制作工艺也不断创新、发展。室内设计发展至今已经将最原始的空间装饰发展至以空间环境设计、室内环境设计以及室内装饰设计为主的系统学科，涉及的学科有建筑学、人体工程学、设计美学、环境美学、环境心理学以及计算机辅助设计软件等多个专业。

而随着不同地域所具有的气候、文化、宗教的长期影响，室内设计也形成了一些明显的地域性风格差异，这些差异也直接影响设计手法、需求的变化。对比欧式风格和中式风格，如图7-2和图7-3所示。

图7-2

图7-3

7.1.2 室内设计风格 ▽

室内设计风格的形成，是不同的时代思潮和地区特点，通过创作构思和表现，逐渐发展成为具有代表性的室内设计形式。一种典型风格的形式，通常是和当地的人文因素和自然条件密切相关，又需有创作中的构思和造型的特点。形成风格的外在和内在因素。风格虽然表现于形式，但风格具有艺术、文化、社会发展等深刻的内涵；从这一深层含义来说，风格又不停留或等同于形式。

室内设计的风格主要可分为传统风格、现代风格、自然风格及混合型风格等。

1.传统风格

室内的传统风格是指具有历史文化特色的室内风格。一般相对现代主义而言，强调历史文化的传承，人文特色的延续。传统风格即一般常说的中式风格、新古典风格、美式风格、欧式风格、伊斯兰风格、地中海风格等。同一种传统风格在不同的时期、地区其特点也不完全相同。例如，欧式风格也分为哥特风格、巴洛克风格、古典主义风格、法国巴洛克、英国巴洛克等；中式风格分为明清风格、隋唐风格、徽派风格、川西风格等，如图7-4和图7-5所示。

图7-4

图7-5

2.现代风格

现代风格起源于1919年成立的包豪斯(Bauhaus) 学派，其强调突破旧传统，创造新建筑，重视功能和空间组织；注意发挥结构构成本身的形式美，造型简洁，反对多余装饰，崇尚合理的构成工艺；尊重材料的性能，讲究材料自身的质地和色彩的配置效果；发展了非传统的以功能布局为依据的不对称的构图手法；重视实际的工艺制作操作，强调设计与工业生产的联系，如图7-6和图7-7所示。

图7-6

图7-7

3.自然风格

自然风格倡导"回归自然"。美学上推崇自然、结合自然，才能在当今高科技、高节奏的社会生活中，使人们能取得生理和心理的平衡。因此，室内多用木料、织物、石材等天然材料，显示材料的纹理，清新淡雅，常见效果如图7-8和图7-9所示。

图7-8   图7-9

4.混合型风格

混合型风格也称为混搭风格，即传统与现代风格的组合搭配，也可以是不同传统风格的组合。近年来，建筑设计和室内设计在总体上呈现多元化，兼容并蓄的状况。室内设计也有趋于现代实用，又吸取传统的特征，在装潢与陈设中融古今中西于一体，如图7-10和图7-11所示。

图7-10   图7-11

7.1.3 室内设计原则

（1）整体原则

在设计之初，对于空间整体的布局、风格的运用需要全面考虑，做到空间协调统一。

（2）功能性原则

在设计的过程中，需要根据使用功能把握好空间尺度，考虑好对应功能家具的摆放等细节，同时又要符合安全疏散、防火、卫生等设计规范，包括满足与保证使用的要求，保护主体结构不受损害和对建筑的立面、室内空间等进行装饰这三个方面。

（3）可行性原则

之所以进行设计，是要通过施工把设计变成现实，因此室内设计一定要具有可行性，力求施工方便，易于操作。

（4）经济性原则

要根据建筑的实际性质不同和用途确定设计标准，不要盲目提高标准，单纯追求艺术效果，造成资金浪费，也不要片面降低标准而影响效果，重要的是在同样造价下，通过巧妙地构造设计达到良好的实用与艺术效果。

（5）美观原则

要满足使用功能、现代技术、精神功能等要求。在设计的过程中结合形、光、色、质、声等元素营造室内美感。

7.1.4　SketchUp室内设计一般流程 ▼

　　由于计算机的加入，如今的室内设计变得简单了，利用SketchUp进行室内设计的过程可以拆分为以下几个步骤。

1.空间布局方面的应用

　　室内设计方案初期注重空间的布局，同时也需要把握好细部尺寸，这样才能设计出一个空间美观，功能舒适的人居空间。SketchUp能够快速划分出平面布局，同时可以快速推拉出空间高度。因此，当有了初步的空间布局构想之后，通过SketchUp能快速制作好空间布局的三维造型，这样有助于设计师更形象地了解布局的状况，以更好地判断布局以及体量是否合理，如图7-12所示。

2.造型细化方面的应用

　　确定好空间布局后，就需要制作造型细节了，此时通过SketchUp精确的手动输入可以准确地把握好造型的尺寸，再结合推／拉以及缩放等操作即可完成许多细致的造型效果，如图7-13所示。

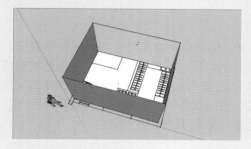

图7-12

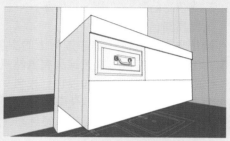

图7-13

3.材质定调方面的应用

　　在确定好空间布局及细部尺寸后，空间材质的不同也能产生不同的居住感受，由于SkrtchUp可以直接观看到最终效果，因此利用其可以快速地进行空间色块或纹理的调整，为最终定调提供多种快速预览效果，如图7-14所示。

4.方案演示方面的应用

　　设计方案完成后，为了向客户展示最为全面的最终设计效果，首先可以利用SketchUp制作各种风格的静帧效果。同时也可以利用SketchUp场景与漫游功能快速制作出方案演示动画，完成多维度的方案效果展示，如图7-15所示。

5.后期施工方面的应用

　　通过SketchUp的三维标注、剖面以及LayOut功能，还可制作空间剖面与细节尺寸设计图直接用于后期施工的参考。

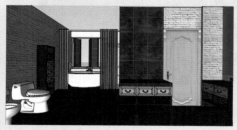

图7-14

图7-15

7.2 实例概述

本实例通过SketchUp制作一个北欧风格的卫浴空间，空间较小，结构较为简单，易于上手，但是功能细节要求较强。通过本节的讲解，主要目的在于让读者了解利用SketchUp进行设计及对应建模时的详细流程。

7.2.1 明确风格特点 ▼

本案例项目将采用"北欧"风格设计。该风格起源于欧洲北部国家，是一种简洁、直接，重视功能化且贴近自然的设计风格，其在空间格局划分、材质与色彩运用以及家具配饰选用上有如下的一些明显的特点，如图7-16所示。

1.空间布局

北欧风格在处理空间方面一般强调室内空间宽敞，内外通透，最大限度引入自然光。在空间平面设计中追求流畅感，直线的运用十分常见。墙面、地面、吊顶习惯简洁的造型、质朴纹理以及纯净的色彩，如图7-17所示。

2.材质与色彩

亲近自然是北欧风格在选材上的主旨，因此木材、棉麻等具有天然纹理材质是其首选。同时，旧砖墙、石材、铁艺等具有自然气息与艺术美感的材质也是常用的材质。在色彩的选择上，北欧风格偏爱浅色，如白色、米色、浅木色。常常以黑、白两色为主调，然后使用鲜艳的纯色为点缀或者不加入其他任何颜色，营造干净明朗，自然清新的空间感受，如图7-18所示。此外，白、黑、棕、灰和淡蓝等颜色都是北欧风格装饰中常使用到的设计风格。

3.家具与软装

"北欧"风格中的家具是其设计风格的浓缩，造型简单流畅的同时兼顾功能上的实用，在材质上以实木、皮革、金属为主，色彩通常纯净单一，如图7-19所示。

"北欧"风格中的软装在造型与纹理上依然追求简洁与自然，但色彩上则显得灵活自由。

图7-16

图7-17

图7-18

图7-19

7.2.2　预演流程 ⊙

本案例为一个空间较小、具有强烈"北欧"风格的卫浴空间。在较小的空间内设计这些不同功能的区域，首先需要把握好各空间的尺度并注意干湿分离；然后再注意各功能区卫浴用品及家具等物体的外观造型及尺寸大小，保证空间兼具适用性与美观性。

在使用SketchUp绘制本案例前，首先可以在CAD软件里划分好功能区域，制作好平面图，然后导入SketchUp进行建模绘制。此案例的预演步骤如下：

1.制作框架与体块

参考导入的平面图绘制墙线并推拉出框架，绘制内墙，然后设置观察主视角，如图7-20所示。

2.分步细化空间

首先细化中部洗手台细节，接着以类似方式制作洗手台右侧洗衣区及洗手台细节，制作时注意复制和贴图的使用。然后制作沐浴区和便溺区，如图7-21所示。

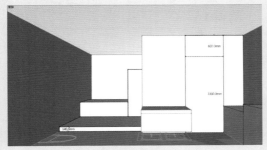

图7-20

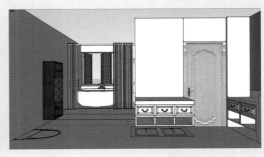

图7-21

3.调整主要家具材质

"参考空间主色调调整主要家具的材质与色彩，如图7-22所示。

4.统一添加细节

场景大致的色调与材质运用确定完成后，再整体观察各功能区，合并入一些对应摆设，并切换至单色模型调整好阴影效果，然后根据观察效果调整细节，完成最终效果，如图7-23所示。

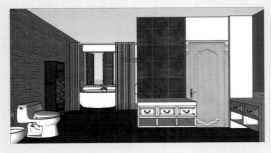

图7-22

图7-23

7.3　图纸导入与创建框架

　　首先导入图纸并确认比例，然后创建场景框架。场景框架主要包括内外墙体、门洞以及窗洞，同时对于空间内部布置较为简单、明了的设计项目，可以顺带着把体块制作好，从而能更全面地考量整个设计空间的层次感。

7.3.1　导入并调整图形 ▽

01 打开SketchUp 2016，然后执行"窗口"→"模型信息"菜单命令，如图7-24所示，进入"模型信息"对话框。

02 单击"单位"选项卡，设置场景单位格式与精确度，如图7-25所示。

微课：导入
并调整图形

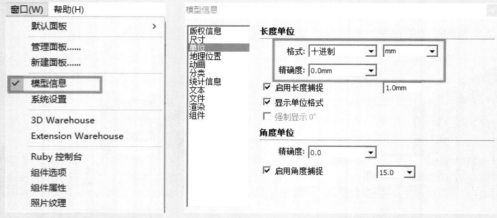

图7-24　　　　　　　　　　　　　　　　　　　　图7-25

03 执行"文件"→"导入"菜单命令，如图7-26所示，在弹出的"导入"对话框中调整文件类型为"AutoCAD"，然后单击右侧的"选项"按钮，如图7-27所示，调整导入单位为"毫米"并确认。

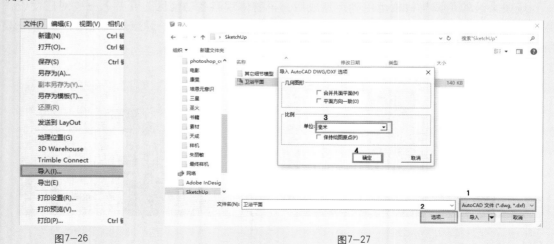

图7-26　　　　　　　　　　　　　　　　　　图7-27

04 选 择 智 慧 职 教 网 站 本 课 程 中 的
"Chapter7\实例文件\卫浴平面.dwg"文
件，然后单击"打开"按钮导入SketchUp
中，如图7-28所示。

图7-28

05 单击"打开"按钮导入目标图片，然后捕捉原点并双击放置完成，如图7-29所示。进行比
例的调整与确认，启用"尺寸工具"测量墙体厚度，如图7-30所示。

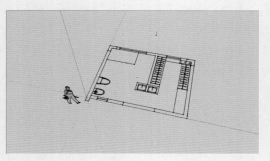

图7-29

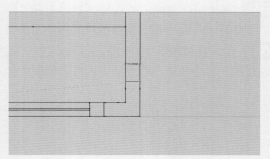

图7-30

7.3.2　创建场景框架 ▽

01 启用"直线"工具✐，捕捉平面图纸中轮廓线创建底平面图，如图7-31所示。启用"推/
拉"工具◈制作2800mm的墙体高度，如图7-32所示。

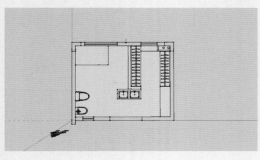

图7-31

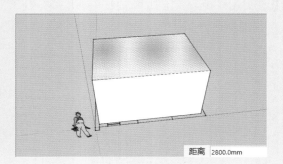

图7-32

02 按Ctrl+A组合键全选模型，然后右击，在弹出的快捷菜单中选择"反转平面"命令，如图
7-33所示。

03 在顶面上快速双击选择相关的面与边线，然后右击，在弹出的快捷菜单中选择"创建群
组"命令，将该面模型独立为吊顶模型，如图7-34所示。

1
2
3
4
5
6
7
8
9

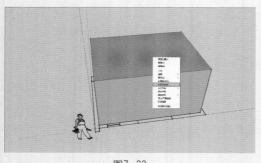
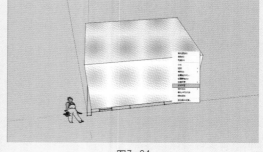

图7-33 图7-34

04 右击顶面，在弹出的快捷菜单中选择"隐藏"命令，隐藏顶面，然后选择底面，同样通过"创建群组"命令将该面模型独立为地面模型，如图7-35所示。

05 在中间的模型面上快速三击鼠标左键，选择中部所有相关的面与边线，然后同样通过"创建群组"命令将该面模型独立为墙体模型，如图7-36所示。

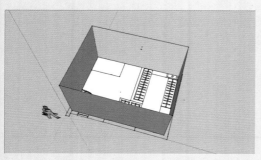
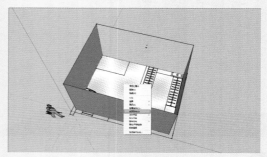

图7-35 图7-36

06 启用"矩形"工具 ▣ 捕捉内部墙线分割出平面，如图7-37所示。接着启用"直线"工具分割出前方墙体，具体尺寸如图7-38所示。

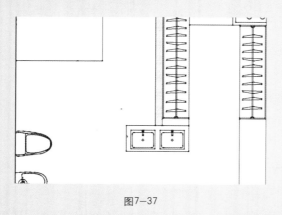
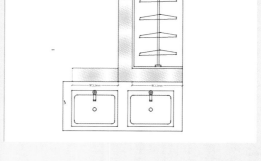

图7-37 图7-38

07 双击选择分割好的内墙平面，通过"创建群组"命令将该面模型独立，如图7-39所示。接着进入内墙群组，启用"推/拉"工具 ◈，捕捉外墙高度，快速制作内墙高度，如图7-40所示。

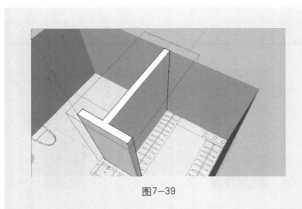

图7-39

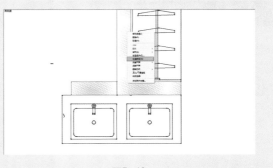

图7-40

7.3.3　创建主视角 ▼

01 为方便观察进入墙体群组，选择墙面并右击，在弹出的快捷菜单中选择"隐藏"命令，如图7-41所示。调整好观察主视角，完成效果如图7-42所示。

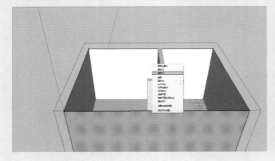

图7-41

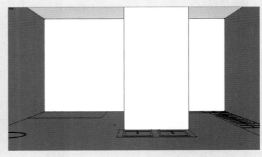

图7-42

02 此时视野比较窄，进行调整，单击"缩放"按钮输入"60"并按Enter键，调整主视角，观察效果如图7-43所示。

03 执行"窗口"→"默认面板"→"场景"菜单命令如图7-44所示。单击"场景"面板左上角的"添加场景"按钮⊕，新建"主视角"场景保存当前观察视角，如图7-45所示。接下来制作细节体块。

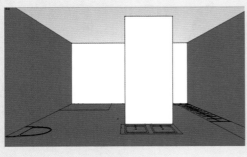

图7-43

图7-44

图7-45

1
2
3
4
5
6
7
8
9

169

7.3.4 创建细节体块 ⊙

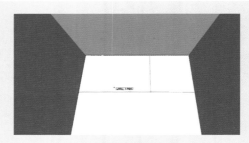

图7-46

01 进入地面群组，选择边线，通过移动复制制作浴缸及淋浴区平面，如图7-46～图7-48所示。

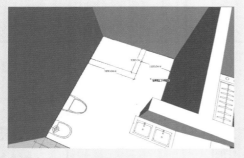

图7-47

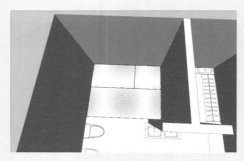

图7-48

02 启用"推/拉"工具 ◆ 为分割好的平面制作140mm高度，如图7-49所示。接着逐步将各个分割好的体块单独创建为群组，如图7-50所示。

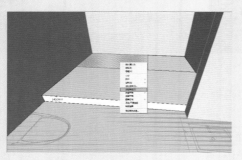

图7-49

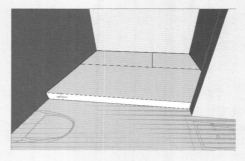

图7-50

03 开始创建体块，启用"推/拉"工具 ◆ 制作好高度，推拉一个550mm和一个1850mm的体块，如图7-51所示。

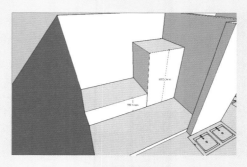

图7-51

04 通过类似方式通过边线的移动复制和"推/拉"工具 ⬥ 来制作好盥洗区及洗衣区体块，具体尺寸如图7-52和图7-53所示。

05 接着以2000mm的高度制作好在主视角右侧的盥洗区通向衣帽间的门洞，如图7-53～图7-55所示。

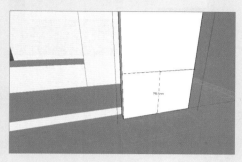

图7-52

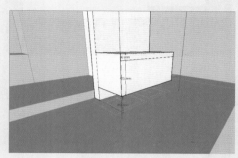

图7-53

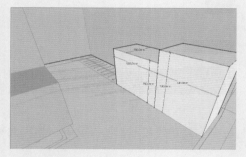

图7-54

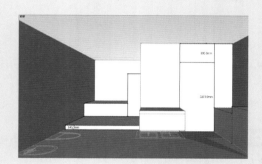

图7-55

7.4　细化模型

　　首先细化中部洗手台细节。要注意，该洗手台细化完成后，空间其他类似的造型可以参考其完成，这样既可以保持场景内家具风格的统一，又能提高工作效率。接着以类似的方法细化右侧洗衣区及洗手台细节，然后细化沐浴区，合并马桶完成便溺区，最后处理地面材质和吊顶。

7.4.1　细化中部洗手台 ▼

01 启用"直线"工具 ✎，捕捉中点创建一条等分线。然后选择等分线并右击，在弹出的快捷菜单中选择"拆分"命令，将线段分为3段，如图7-56和图7-57所示。

微课：细化中部洗手台

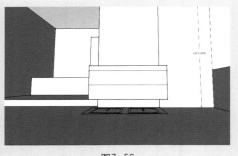

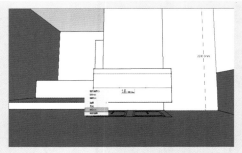

图7-56   图7-57

02 启用"推/拉"工具 ![tool]，将下方平面向内推入10mm，如图7-58所示，并启用"矩形"工具 ![tool]，
捕捉端点与等分线创建抽屉平面图，如图7-59所示。

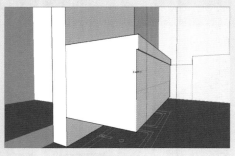

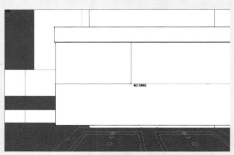

图7-58   图7-59

03 启用"偏移"工具 ![tool]，向内以30mm的距离复制边框，启用"推/拉"工具 ![tool]，将内部平面
向外推出5mm，如图7-60和图7-61所示。

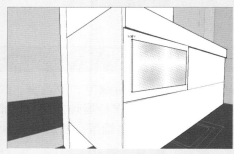

图7-60   图7-61

04 启用"缩放"工具 ![tool]，首先配合Ctrl键以0.94的整体比例收缩，然后再以绿轴方向0.95的
比例制作好斜面细节，如图7-62和图7-63所示。

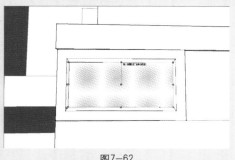

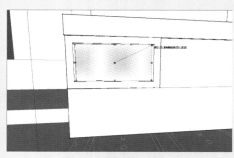

图7-62   图7-63

05 再次使用"偏移""推/拉"以及"缩放"工具制作向内的斜面细节，如图7-64~图7-66所示。

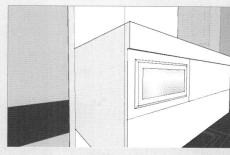

图7-64

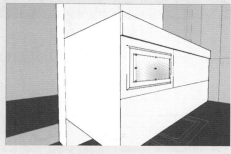

图7-65

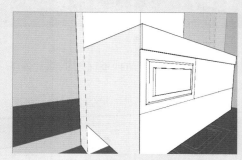

图7-66

06 合并入实例文件"拉手.skp"组件模型，然后捕捉中点放置好位置，并选择抽屉与拉手创建为群组，如图7-67和图7-68所示。

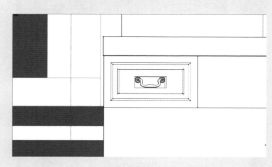

图7-67

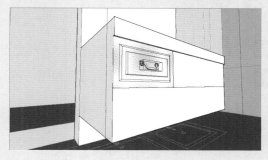

图7-68

07 然后捕捉等分点向右移动复制并追加输入"2*"复制两份，如图7-69和图7-70所示。

图7-69

图7-70

1
2
3
4
5
6
7
8
9

08 结合"偏移"工具 ⟍，将下方矩形向内偏移30mm，如图7-71所示。然后用"直线"工具 ✎ 连接已拆分3个端点的等分线端点，作为挡板的位置，将矩形分为3部分，如图7-72所示。

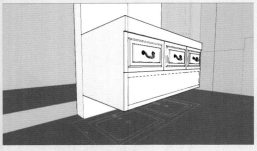

图7-71

图7-72

09 结合Alt键复制移动挡板区域的线，左右距离为15mm，如图7-73所示。然后把中间的线段删掉，如图7-74所示。

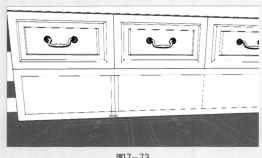

图7-73

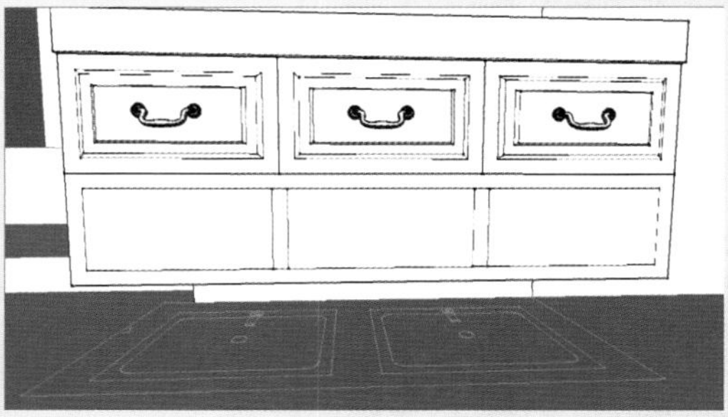

图7-74

10 启用"推/拉"工具 ⬛，制作好下方的空当，向内推入540mm，如图7-75所示。

11 经过以上步骤，中部洗手台造型如图7-76所示，接下来细化右侧另一处洗手台及洗衣区。

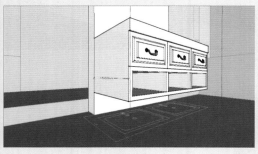

图7-75

图7-76

7.4.2 细化右部区域 ▼

01 体块当前造型如图7-77所示，接下来细化右部区域。

微课：细化
右部区域

02 启用"偏移"工具 ⟟，统一制作50mm的边框厚度，如图7-78所示。

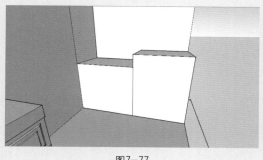
图7-77

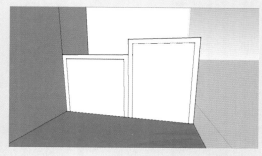
图7-78

03 结合使用"直线"工具 ✏ 把线连接起来，用"推/拉"工具把面往上推/拉捕捉到墙体的高度，制作出左侧的面板，如图7-79和图7-80所示。

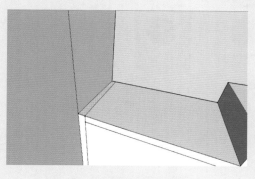
图7-79

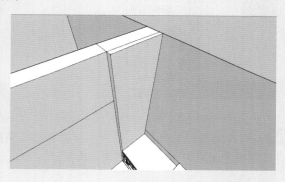
图7-80

04 以同样的方式制作出右侧面板，结合使用"直线" ✏ 与"推/拉"工具 ▨ 制作出右侧面板，并启用"推/拉"工具将右侧洗衣区内部平面向内推入10mm，如图7-81和图7-82所示。

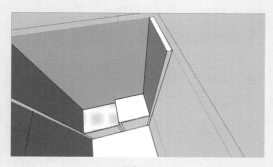
图7-81

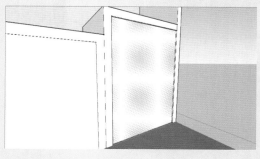
图7-82

05 打开"材料"面板，选择"创建材质"按钮 🗔，如图7-83所示，接着添加贴图文件，如图7-84所示，为内部平面制作并赋予洗衣机正面贴图。

1
2
3
4
5
6
7
8
9

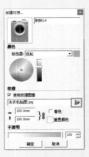

图7-83　　　　　　　　　　　　　　　　　　　图7-84

06 右击洗衣机正面贴图在弹出的快捷菜单中选择"纹理"→"位置"命令，然后通过拖曳小图钉调整好贴图大小与位置，如图7-85和图7-86所示。

图7-85　　　　　　　　　　　　　　　　　　　图7-86

07 启用"矩形"工具 ，结合捕捉创建镜子平面，并打开"材料"面板为镜面赋予"金属光亮波浪纹"材质，如图7-87和图7-88所示。

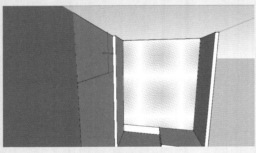

图7-87　　　　　　　　　　　　　　　　　　　图7-88

08 结合矩形与线段的移动复制创建洗手台下方平面，具体尺寸如图7-89所示。接着启用"推/拉"工具 ，将最下面的面往里推拉550mm，如图7-90所示。

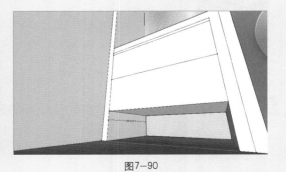

图7-89　　　　　　　　　　　　　　　　　　　图7-90

09 结合"偏移"工具 ，将下方矩形向内偏移30mm，然后用"直线"工具连接中点，作为挡板的位置，将矩形分为两部分，如图7-91所示。

10 结合Alt键复制移动挡板区域的线，左右距离为15mm，如图7-92所示。

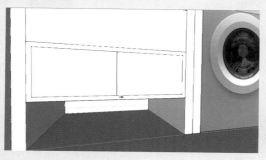

图7-91

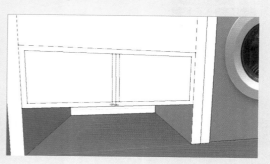

图7-92

11 把挡板中间的线段删掉，如图7-93所示。接着启用"推/拉"工具 ，制作抽屉的开口，向内推入550mm，如图7-94所示。

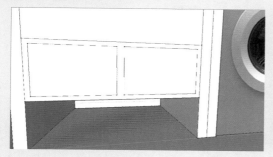

图7-93

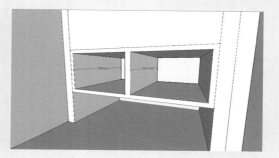

图7-94

12 复制中部洗手台制作好的抽屉造型并调整好位置，如图7-95所示，并向右移动复制一个，如图7-96所示。

图7-95

图7-96

13 打开"材料"面板，单击"创建材质"按钮，添加"门"贴图文件，如图7-97所示。为左侧门平面制作并赋予门贴图效果并右击，弹出的快捷菜单中选择"位置"→"纹理"命令，调整好贴图位置，如图7-98和图7-99所示。

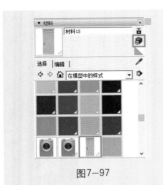
图7-97

图7-98

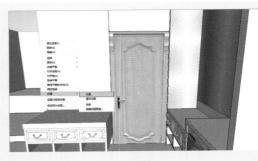
图7-99

7.4.3 细化洗浴区和便溺区 ▽

01 选择"文件"→"导入"菜单命令，导入智慧职教网站本课程中的"Chapter 7\实例文件\搁物架.skp"组件模型，然后捕捉端点并放置到淋浴房前边，如图7-100和图7-101所示。

微课：细化洗浴区和便溺区

图7-100

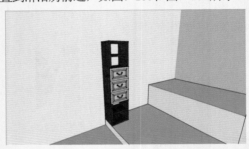
图7-101

02 选择地面边线，捕捉搁物架边缘，移动复制一份，如图7-102所示，启用"偏移"工具 ，向内以50mm的距离偏移刚刚复制的水槽平面，如图7-103所示。

图7-102

图7-103

03 启用"推/拉"工具 ，制作100mm的水槽深度，完成效果如图7-104所示。

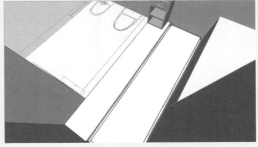
图7-104

04 墙内置物架的设计必须考虑右侧窗台的高度，然后通过线段的移动复制分割好窗户平面，参考浴缸长度分割好置物架平面，具体尺寸如图7-105和图7-106所示。

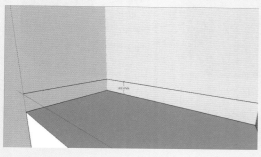

图7-105

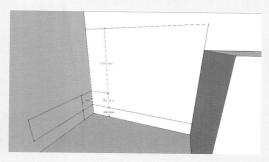

图7-106

05 启用"推/拉"工具 ，将置物架与窗户平面均向内推入200mm，如图7-107所示，将窗户的面删掉，如图7-108所示。

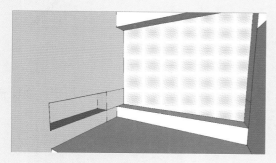

图7-107

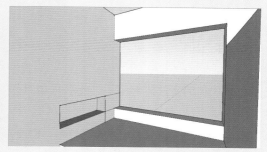

图7-108

06 合并入窗户模型，执行"文件"→"导入"菜单命令，导入智慧职教网站本课程中的"Chapter7\实例文件\窗户.skp"文件，捕捉端点并放置到窗台上，接着把置物架模型组件合并进来，如图7-109和图7-110所示。

图7-109

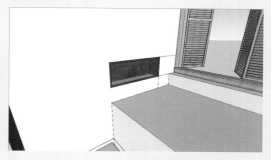

图7-110

07 合并入实例文件"纱帘.skp"模型组件，然后调整位置如图7-111所示。接着删除原有浴缸体块，合并入实例文件"浴缸.skp"模型组件，完成效果如图7-112所示。

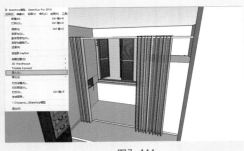

图7-111

图7-112

08 右击右侧的淋浴房体块，在弹出的快捷菜单中选择"隐藏"命令，如图7-113所示。然后结合"偏移"与"推/拉"工具 制作回水槽，具体尺寸如图7-114所示。

图7-113

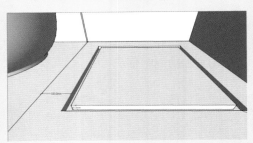

图7-114

09 合并入实例文件"淋浴头.skp"模型组件，然后放置到淋浴房内，如图7-115所示。接着显示淋浴房方块并为其赋予"半透明安全玻璃"材质，如图7-116所示。

图7-115

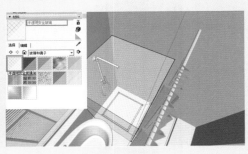

图7-116

10 合并入"马桶"与"拖把池"模型组件，然后参考图纸放置好位置，如图7-117所示。此时的场景效果如图7-118所示。可以看到，场景各个功能区域都体现了一定的细节，接下来整体调整家具细节造型。

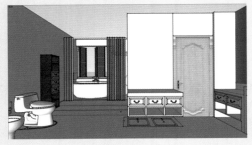

图7-117

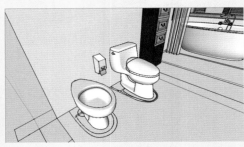

图7-118

7.4.4　制作场景材质 ▽

01 本场景将处理成黑白色调效果，其中地面为黑色防滑砖，墙面为白色旧砖墙，吊顶为白色墙漆。打开"材料"面板，为地面制作带有接缝效果的黑色地砖材质，如图7-119所示。

02 启用"矩形"工具　，捕捉当前贴图效果，绘制一个400×400mm的正方形用于贴图调整参考，如图7-120所示。

微课：制作
场景材质

图7-119

图7-120

03 右击，在弹出的快捷菜单中选择"纹理"→"位置"命令，调整好贴图大小与位置，如图7-121和图7-122所示。

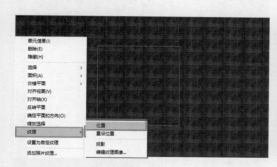

图7-121

图7-122

04 在"材料"面板中用吸管工具　吸取场景中制作好的地面材质，然后赋予其他地面，如图7-123和图7-124所示。

图7-123

图7-124

05 将黑色地砖材质赋予中部洗手台上方的墙面，然后调整纹理，如图7-125所示。

06 打开"材料"面板，为墙面添加"白色砖纹"贴图文件，制作白色旧砖纹材质，如图7-126所示。

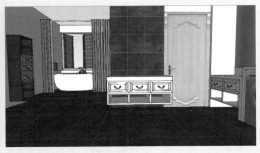
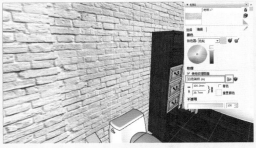

图7-125　　　　　　　　　　　　　　　　　图7-126

07 打开"材料"面板，为洗手台下面的开口添加"黑色木纹"贴图文件，主框架制作黑色木纹材质，为洗手台抽屉制作白色木纹材质，如图7-127和图7-128所示。

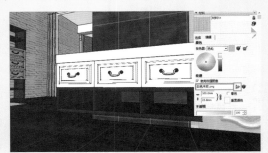

图7-127　　　　　　　　　　　　　　　　　图7-128

08 用同样的方法，为洗手台结构制作对应黑白两色材质，如图7-129和图7-130所示。

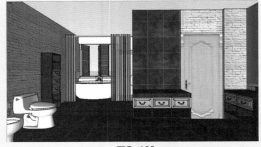

图7-129　　　　　　　　　　　　　　　　　图7-130

09 将吊顶取消隐藏，如图7-131所示。启用"推/拉"工具，选择吊顶模型向下推拉105mm的厚度，如图7-132所示。

图7-131　　　　　　　　　　　　　　　　　图7-132

7.5　完成最终效果

场景大致的色调、空间层次与材质运用处理完成后，再整体观察各功能区，完善及补充一些设计细节，最后将合并对应的一些饰品，然后调整好阴影等细节，完成最终的效果。

微课：完成
最终效果

7.5.1　合并细节装饰模型 ▽

01 执行"文件"→"导入"菜单命令，导入智慧职教网站本课程中的"Chapter7\实例文件\细节装饰模型.skp"组件模型，如图7-133所示。

02 将文件导入后调整好位置，合并完成后的场景整体效果如图7-134所示。

图7-133

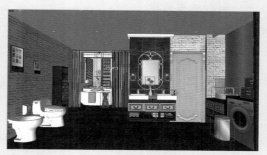

图7-134

7.5.2　制作场景阴影细节 ▽

01 在工具栏右击，调出"风格"工具，将视图切换至"单色显示" 🔲，然后继续在工具栏右击，调出阴影，调整"日期"与"时间"滑块确定好阴影效果，如图7-135和图7-136所示。

图7-135

图7-136

02 右击工具栏，调出"风格"工具和面板，在"风格"面板中，调整天空颜色为蓝色，如图7-137所示。至此，当前主视角效果如图7-138所示。

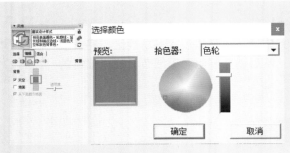

图7-137 图7-138

03 调整回"材质贴图"模式 ▓，执行"视图"→"动画"→"更新场景"菜单命令，进行场景更新，此为了保存阴影效果，如图7-139所示。

04 调整选择好视角角度后，执行"视图"→"动画"→"添加场景"菜单命令，如图7-140所示。继续调整出其他观察视角制作出的视角效果。其他角度的视角效果如图7-141～图7-144所示。

图7-139 图7-140

图7-141 图7-142

图7-143 图7-144

7.6　知识与技能梳理

　　本章主要讲解北欧风格卫浴空间实战演练，综合运用SketchUp的各种工具进行模型的控制和图形和模型的创建与编辑。通过本章学习SketchUp的室内设计操作，为后续制作更全面的室内设计打下基础。

　　▶重要工具：直线工具、矩形工具、推拉工具、偏移工具。
　　▶核心技术：通过运用各种工具，配合移动、旋转等操作绘制与编辑模型。
　　▶实际运用：卫浴空间的框架推拉、洗手台的细节绘制、淋浴区的操作。

7.7　课后练习

操作题

根据资源文件的平面图制作出办公室设计，如图7-145所示。

图7-145

Chapter **8**

建筑设计实战

——别墅建筑制作

本章将利用前面所学的知识制作别墅建筑，其中包括创建建筑模型、门窗模型、室外场景地形以及后期场景效果的添加。通过本制作练习，读者不仅可了解室外景观设计的布置手法，还能熟练掌握SketchUp的各种操作技能，从而创建出更优秀的作品。

学习要求	知识点　　　　　　　学习目标	了解	掌握	应用	重点知识
	CAD图导入和整理	⚑			
	别墅模型主体的制作				⚑
	别墅模型细节的完善			⚑	
	别墅家具模型导入		⚑		
	材质的赋予与调整			⚑	

8.1　制作别墅建筑

　　本节要制作别墅的建筑主体需要利用导入的CAD平面图来确定模型的大致尺寸，并以此进一步制作模型。其制作过程涉及前面所学的许多知识要点。

8.1.1　导入CAD图纸 ▽

　　在制作模型之前，首先将平面布置图导入SketchUp中，可以为后面模型的创建节省很多时间，具体操作步骤如下：

微课：创建
别墅墙体

01 在AutoCAD应用程序中简化图形文件，如图8-1所示。

02 启动SketchUp，执行"文件"→"导入"命令，在"打开"对话框中选择AutoCAD文件类型，如图8-2所示。

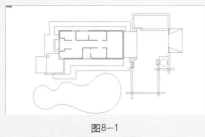
图8-1

图8-2

03 智慧职教网站本课程中的"Chapter8\场景文件\别墅平面图.dwg"文件导入SketchUp中，效果如图8-3所示。

04 执行"窗口"→"样式"命令，打开"风格"设置面板，在"编辑"选项卡中取消勾选"轮廓线"复选框，如图8-4所示。

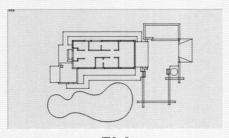
图8-3

图8-4

05 经过上述设置后，仅剩边线的图形效果如图8-5所示。

06 激活"擦除"工具，删除窗户位置的辅助线，如图8-6所示。

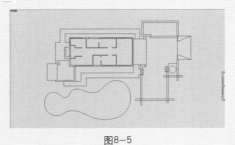
图8-5

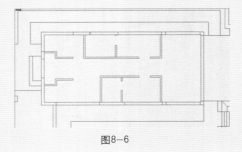
图8-6

1
2
3
4
5
6
7
8
9

8.1.2 创建主体模型 ⊙

本节将根据导入的平面图形，创建建筑的主体模型，其具体的创建过程如下：

01 激活"直线"工具，捕捉连接墙体平面，如图8-7所示。

02 选择平面并右击，在弹出的快捷菜单中选择"创建群组"命令，如图8-8所示。

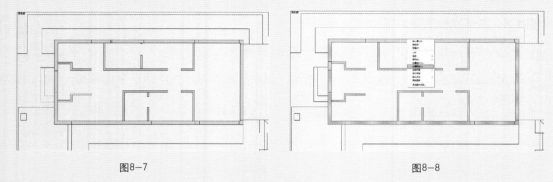

图8-7　　　　　　　　　　　　　　　图8-8

03 将平面图形创建成组，双击进入编辑模式，如图8-9所示。

04 按住Ctrl+A快捷键全选图形，右击，在弹出的快捷菜单中选择"反转平面"命令，如图8-10所示。

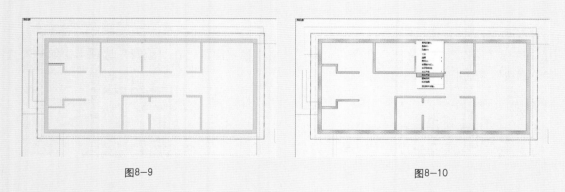

图8-9　　　　　　　　　　　　　　　图8-10

05 激活"推/拉"工具，将部分墙体向上推出5960mm，如图8-11所示。

06 再推拉窗户位置的墙体，分别向上推出520mm、900mm、1460mm，如图8-12所示。

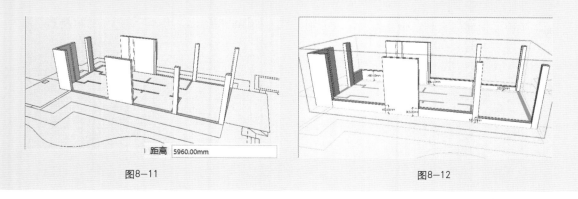

图8-11　　　　　　　　　　　　　　　图8-12

07 选择窗户下方的边线，激活"移动"工具，按住Ctrl键，向上移动复制，设置移动距离为1230mm，如图8-13所示。

08 激活推拉工具，封闭窗户上方的墙体，如图8-14所示。

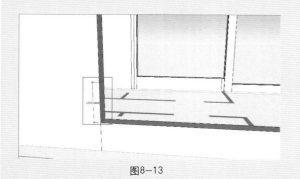

图8-13

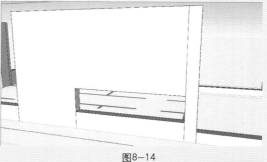

图8-14

09 利用这种操作方法，制作出建筑墙体中的部分门洞及窗洞，如图8-15所示。

10 激活"擦除"工具，删除多余的线条，如图8-16所示。

微课：创建内部整体模型

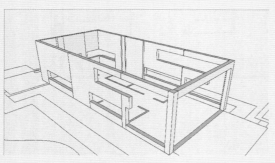

图8-15

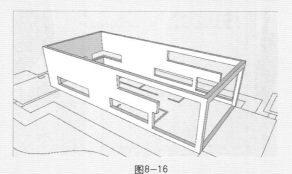

图8-16

11 激活"移动"工具，按住Ctrl键，移动复制墙体边线。将上方线条向下移动880mm、1340mm，左侧边线向右移动850mm、4020mm，如图8-17和8-18所示。

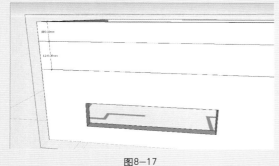

图8-17

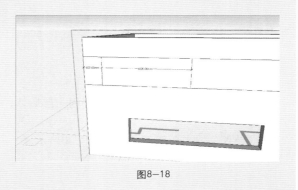

图8-18

1
2
3
4
5
6
7
8
9

12 激活"推/拉"工具，推出400mm，创建窗洞，再删除多余的线条，如图8-19和图8-20所示。

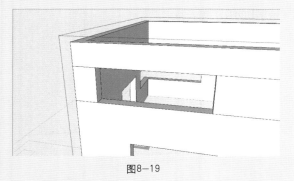

图8-19

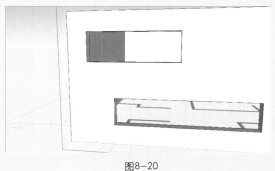

图8-20

13 按照此方法制作出二楼其他位置的窗洞，如图8-21～图8-24所示。

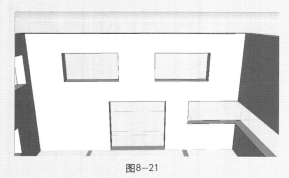

图8-21

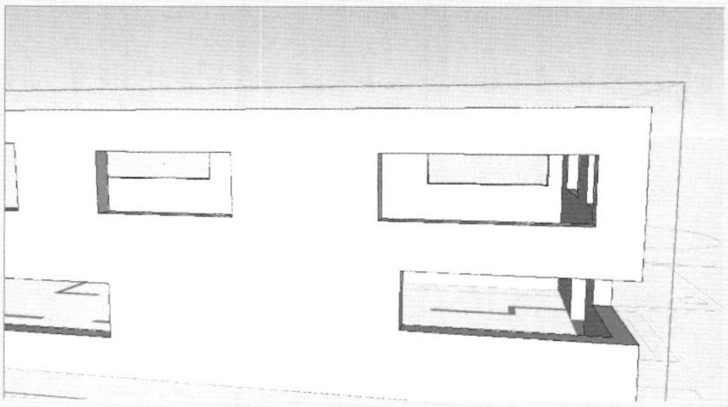

图8-22

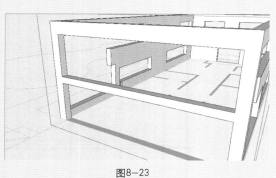

图8-23

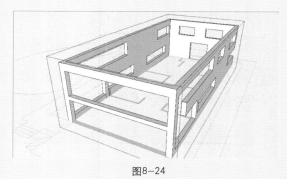

图8-24

14 激活"推/拉"工具，推出室内一层墙体，高度为2670mm，如图8-25所示。

15 导入二层平面框架图，如图8-26所示。

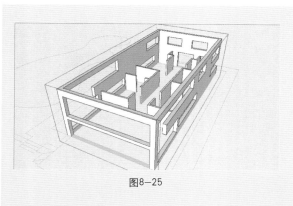

图8-25

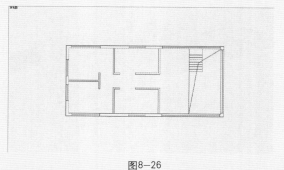

图8-26

16 删除墙体、窗户等图形，如图8-27所示。

17 激活"直线"工具，捕捉绘制平面，并右击创建群组，如图8-28所示。

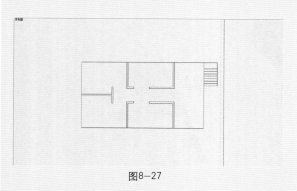

图8-27

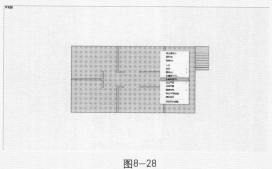

图8-28

18 选择平面并右击，在弹出的快捷菜单中选择"反转平面"命令，如图8-29所示。

19 激活"推/拉"工具，将平面向上推出540mm，如图8-30所示。

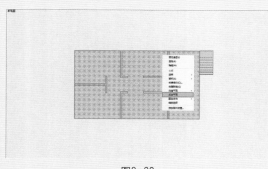

图8-29

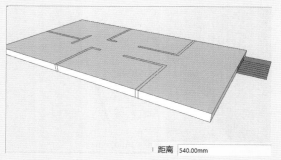

距离 540.00mm

图8-30

20 删除多余的线条，并将模型成组，留出楼梯图形，如图8-31和图8-32所示。

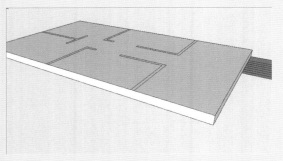

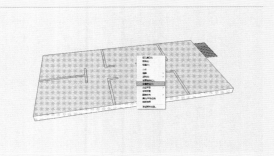

图8-31　　　　　　　　　　　　　　　　　图8-32

21 双击进入编辑模式，激活"推/拉"工具，将墙体向上推出2400mm，如图8-33所示。

22 退出编辑模式，选择楼梯图形并将其创建成组，双击进入编辑模式，如图8-34所示。

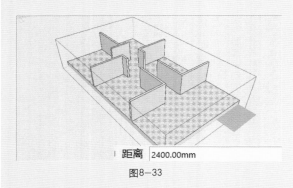

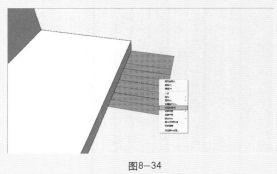

图8-33　　　　　　　　　　　　　　　　　图8-34

23 激活"推/拉"工具，推出楼梯踏步高度301mm，如图8-35所示。

24 继续依次向上推出，制作出楼梯造型，如图8-36所示。

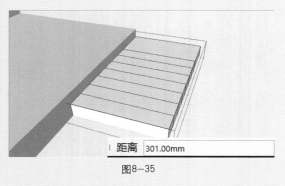

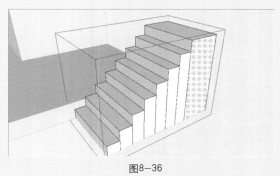

图8-35　　　　　　　　　　　　　　　　　图8-36

25 删除多余的线条，如图8-37所示。

26 选择如图8-38所示的线条。

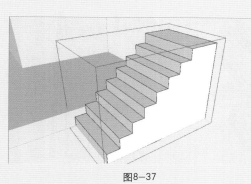

图8-37

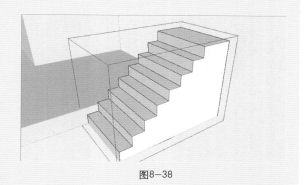

图8-38

27 激活"偏移"工具，偏移200mm，如图8-39所示。

28 激活"直线"工具，连接线条，如图8-40所示。

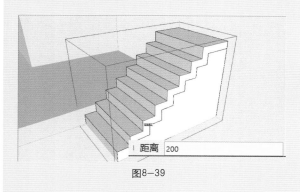

距离　200

图8-39

图8-40

29 激活"推/拉"工具，将面向一侧推出1900mm，如图8-41所示。

30 退出编辑模式，激活"移动"工具，将楼梯模型移动到合适位置，如图8-42所示。

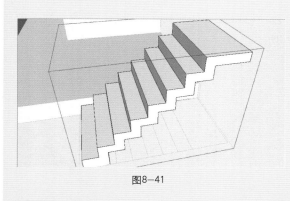

图8-41

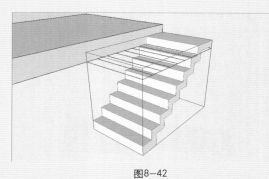

图8-42

31 将创建好的模型移动到室内，对齐到合适位置，如图8-43所示。

32 激活"直线"工具，绘制8750mm×1150mm的矩形平面，如图8-44所示。

1
2
3
4
5
6
7
8
9

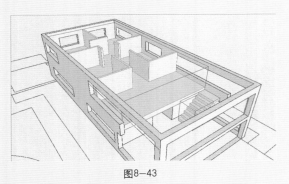

图8-43

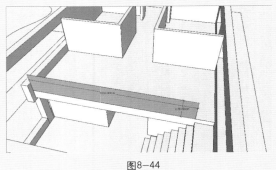

图8-44

33 继续在楼梯的位置绘制垂直的面，高度为1150mm，如图8-45所示。

34 双击建筑模型进入编辑模式，激活"矩形"工具，捕捉建筑顶部绘制一个矩形平面，如图8-46所示。

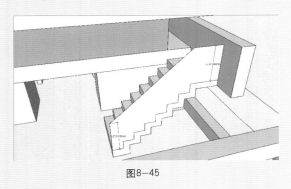

图8-45

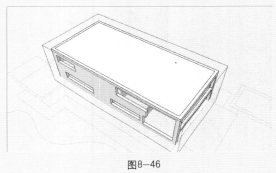

图8-46

35 激活"推/拉"工具，将矩形面向下推出350mm，制作出二层顶部，如图8-47所示。

36 删除顶部多余线条，激活"移动"工具，按住Ctrl键移动复制顶部线条，将两侧线条向内复制，移动距离为1880mm、730mm，如图8-48所示。

图8-47

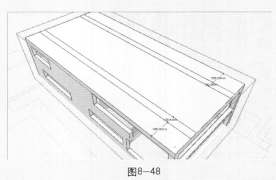

图8-48

37 激活"推/拉"工具，将模型推出900mm，如图8-49所示。

38 激活"圆弧"工具，绘制长度为15000mm、高度800mm的弧形，如图8-50所示。

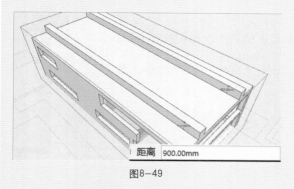

图8-49

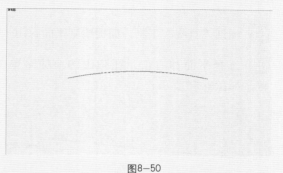

图8-50

39 激活"移动"工具，按住Ctrl键向上移动复制弧形，移动距离为500mm，如图8-51所示。

40 激活"直线"工具，绘制直线连接两个弧形，绘制出一个平面，如图8-52所示。

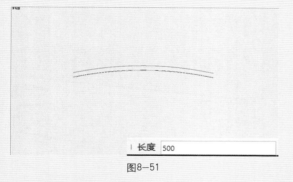

图8-51

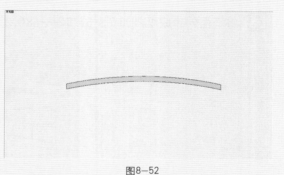

图8-52

41 激活"推/拉"工具，将面推出26000mm，如图8-53所示。

42 将模型成组，并调整到合适的位置，如图8-54所示。

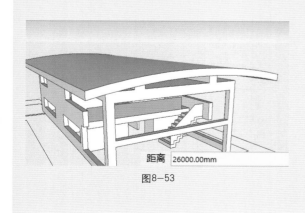

图8-53

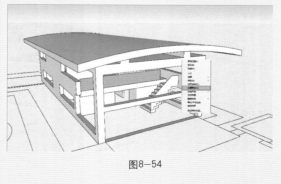

图8-54

1
2
3
4
5
6
7
8
9

8.1.3 完善别墅模型（一） ⊗

　　建筑主体制作完成后，接下来为其添加建筑门窗及家具模型。下面对其操作过程进行详细介绍。

01 激活"直线"工具，捕捉绘制平面封闭一侧墙面的窗洞，如图8-55所示。

02 选择平面并右击，在弹出的快捷菜单中选择"反转平面"命令，将其反转，如图8-56所示。

微课：完善别墅模型（一）

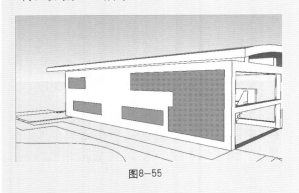

图8-55

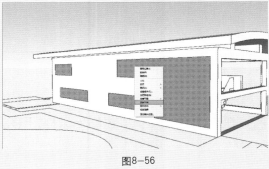

图8-56

03 将平面创建成组，如图8-57和图8-58所示。

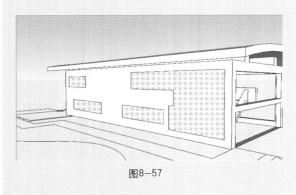

图8-57

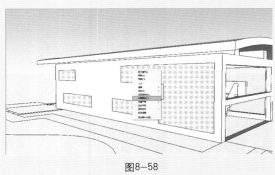

图8-58

04 再调整合适的位置，按照上面的操作方法绘制其他墙面的窗洞，如图8-59和图8-60所示。

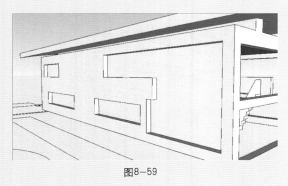

图8-59

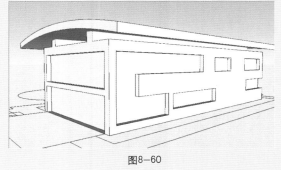

图8-60

05 激活"推/拉"工具，将一楼门洞位置的底面向上推出320mm，并删除多余线条，如图8-61和图8-62所示。

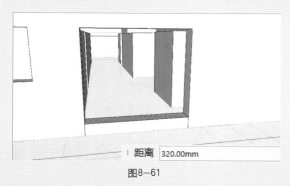

图8-61

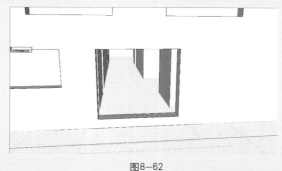

图8-62

06 再激活"矩形"工具，捕捉门洞绘制矩形，如图8-63所示。

07 依次激活"直线"工具和"圆形"工具，捕捉中点绘制直线及圆形，如图8-64所示。

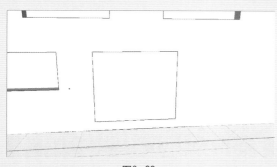

图8-63

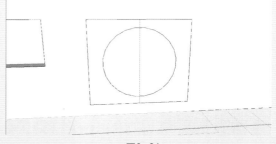

图8-64

08 激活"移动"工具，按住Ctrl键分别向两侧移动复制直线，移动距离为80mm，如图8-65所示。

09 激活"擦除"工具，清理多余的线条，如图8-66所示。

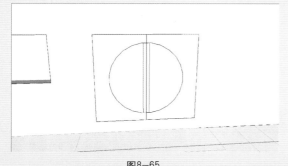

图8-65

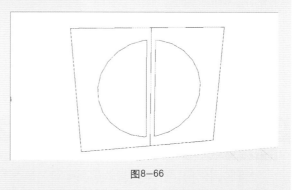

图8-66

10 激活"推/拉"工具，将图形推出40mm，如图8-67所示。

11 将图形成组，制作出门模型，完成门窗模型的制作，如图8-68所示。

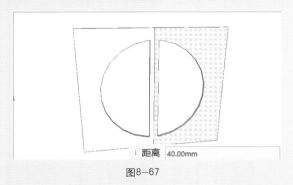

图8-67

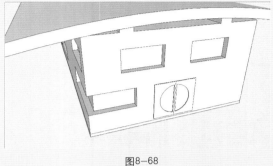

图8-68

12 隐藏门窗模型，双击模型进入编辑模式，激活"直线"工具，绘制地面平面，并删除多余线条，如图8-69所示。

13 激活"推/拉"工具，将地面向上推出200mm，如图8-70所示。

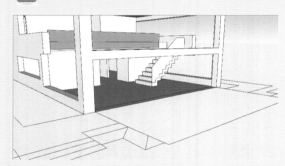

图8-69

图8-70

14 复制家具模型到场景中，并将其摆放到合适的位置，效果如图8-71所示。

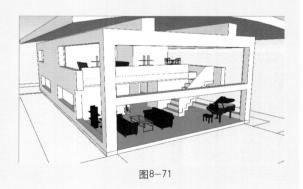

图8-71

8.1.4　完善别墅模型（二）

继续完善别墅模型，为其添加建筑门窗及家具模型。下面对其操作过程进行详细介绍。

01 激活"直线"工具，捕捉平面图绘制室外地面造型，如图8-72所示。

02 依次激活"圆弧"工具及"圆形"工具，绘制小湖泊轮廓及圆形，如图8-73所示。

微课：完善别墅模型（二）

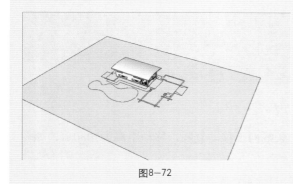

图8-72

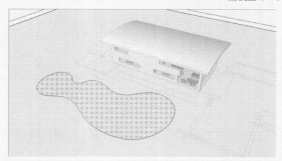

图8-73

03 将室外图形创建成组，再双击进入编辑模式，如图8-74和图8-75所示。

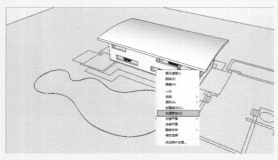

图8-74

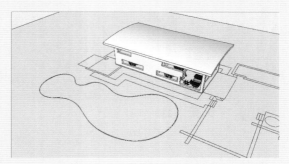

图8-75

04 激活"推/拉"工具，将建筑门外的面向上依次推出160mm，制作出阶梯踏步造型，如图8-76和图8-77所示。

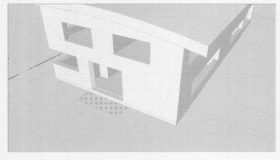

图8-76

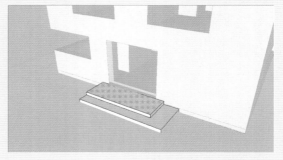

图8-77

05 再将另一侧室外的平台向上推出200mm，如图8-78所示。

06 推出室外墙体高度3430mm，柱子高度为2600mm，如图8-79所示。

1
2
3
4
5
6
7
8
9

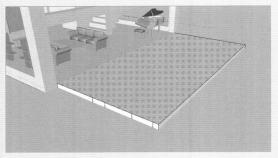

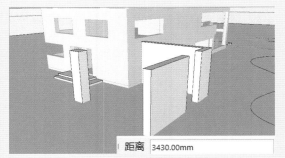

图8-78 图8-79

07 激活"移动"工具，按住Ctrl键将墙体的一条线向下移动复制，移动距离为1030mm，如图8-80所示。

08 激活"推/拉"工具，封闭门洞，并删除多余的线条，如图8-81所示。

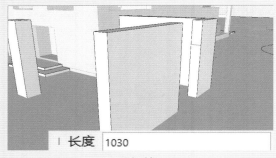

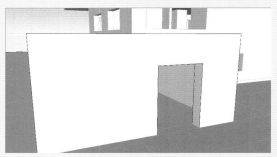

图8-80 图8-81

09 激活"直线"工具，绘制7200mm×200mm竖向的长方形，如图8-82所示。

10 激活"移动"工具，按住Ctrl键移动复制右侧的线条，移动距离为2200mm，如图8-83所示。

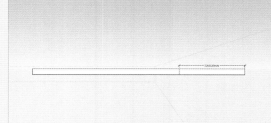

图8-82 图8-83

11 激活"圆弧"工具，绘制两条高度为250mm的弧线，如图8-84所示。

12 删除多余线条，如图8-85所示。

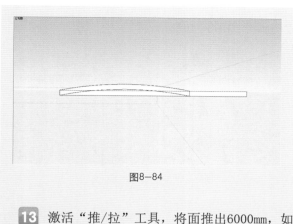

图8-84

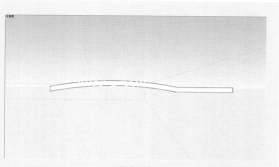

图8-85

13 激活"推/拉"工具，将面推出6000mm，如图8-86所示。

14 将模型创建成组，移动到合适的位置，如图8-87所示。

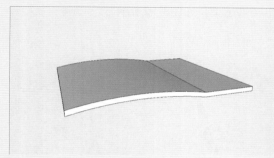

图8-86

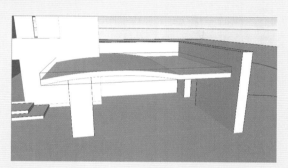

图8-87

8.1.5　制作室外景观场景模型 ▼

　　本场景中室外景观包括湖泊、道路、下沉式休闲区、游泳池等，其造型较为复杂。下面对其制作过程进行详细介绍。

微课：制作室外景观场景模型

01 制作出湖泊造型。激活"推/拉"工具，将小湖泊向下推出400mm，如图8-88所示。

02 选择湖泊底面，激活"移动"工具，按住Ctrl键向上移动复制，如图8-89所示。

| 距离 | 400.00mm |

图8-88

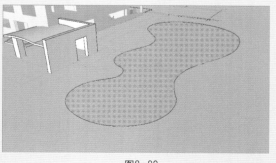

图8-89

1
2
3
4
5
6
7
8
9

03 制作休闲区，将休闲区域的平面向下推出1370mm，如图8-90所示。

04 删除多余线条，如图8-91所示。

图8-90

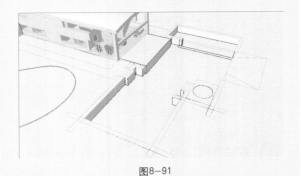

图8-91

05 激活"推/拉"工具，向上推出150mm，制作出矮墙造型，如图8-92所示。

06 依次推出阶梯、水池造型，如图8-93所示。

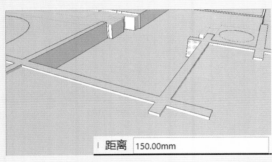

图8-92

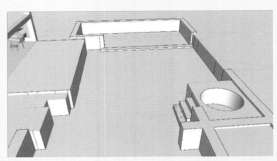

图8-93

07 将大水池的底部面向上移动复制，移动距离为1000mm，如图8-94所示。

08 将小水池的底部面向上移动复制，移动距离为800mm，如图8-95所示。

图8-94

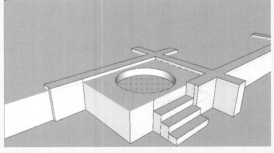

图8-95

09 激活"偏移"工具，将底部的圆向内偏移550mm，如图8-96所示。

10 激活"偏移"工具，将底面向上推出400mm制作出小水池中的台阶造型，如图8-97所示。

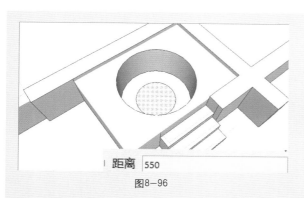

图8-96

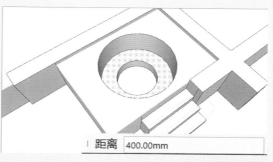

图8-97

11 将视线移动到旁边，选择线段，向下移动到与底部平面重合，如图8-98～图8-101所示。

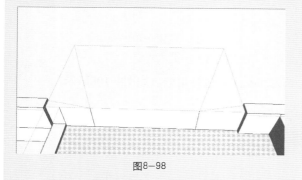

图8-98

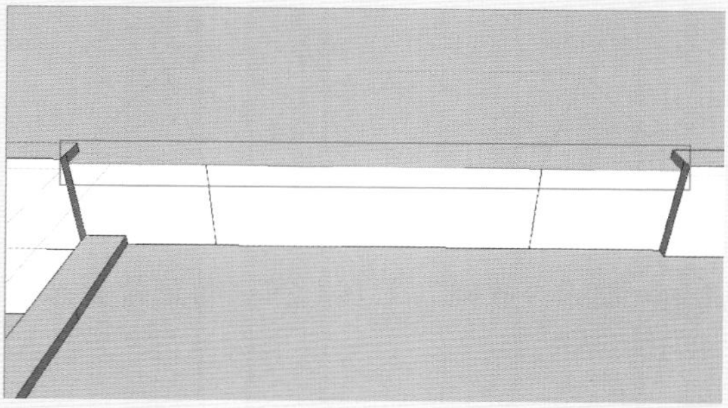

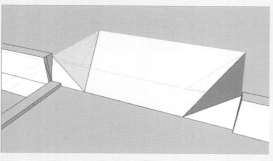

图8-99

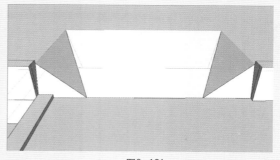

图8-100

图8-101

12 使用"直线"工具捕捉角点绘制直线，再删除外侧的线条，制作出斜坡造型，如图8-102所示。

13 按照上述操作方法，制作其他位置的斜坡，如图8-103所示。

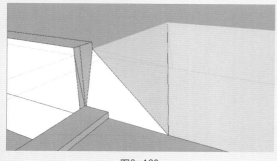

图8-102

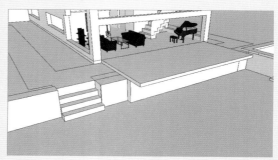

图8-103

1
2
3
4
5
6
7
8
9

14 全部取消隐藏，如图8-104所示。

15 使用"矩形"工具和"推/拉"工具，制作400mm×400mm×70mm的长方体，如图8-105所示。

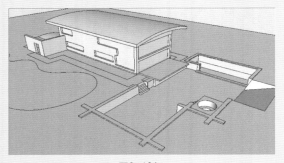

图8-104

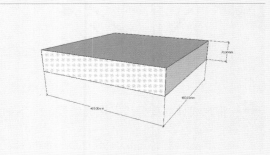

图8-105

16 激活"直线"工具，在一个角上分割出边长为30mm的等边直角形，如图8-106所示。

17 激活"放样"工具，在三角形位置按住鼠标左键不放，环绕一周制作出阶梯造型，如图8-107所示。

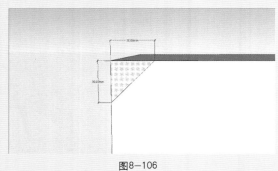

图8-106

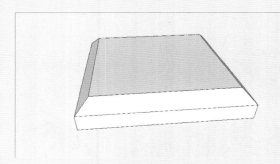

图8-107

18 将模型创建成组，激活"矩形"工具，在模型表面绘制一个矩形并创建成组，移动到合适位置，如图8-108和图8-109所示。

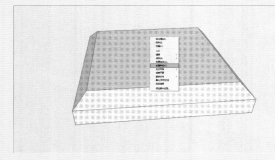

图8-108

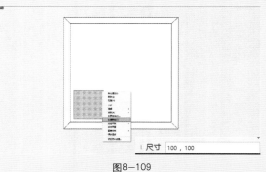

图8-109

19 双击矩形进入编辑模式，激活"推/拉"工具，将矩形推出2250mm，如图8-110所示。

20 退出编辑模式，对模型进行复制，如图8-111所示。

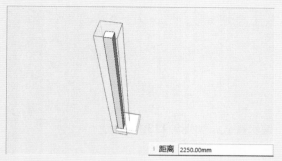

图8-110

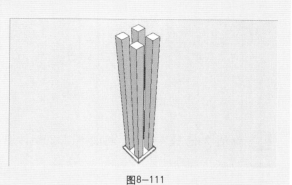

图8-111

21 继续复制模型，间距为3150mm×4150mm，如图8-112所示。

22 激活"直线"工具，绘制5500mm×160mm的矩形，如图8-113所示。

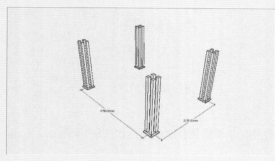

图8-112

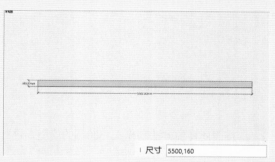

图8-113

23 将其创建成组，双击进入编辑模式，激活"移动"工具，按住Ctrl键，对边线进行移动复制，上、下各自移动20mm，左、右各自移动250mm，如图8-114和图8-115所示。

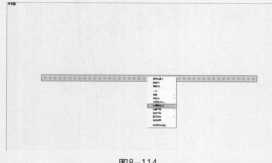

图8-114

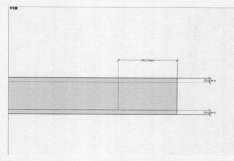

图8-115

24 激活"直线"工具，连接角点，再删除多余直线，如图8-116和图8-117所示。

1
2
3
4
5
6
7
8
9

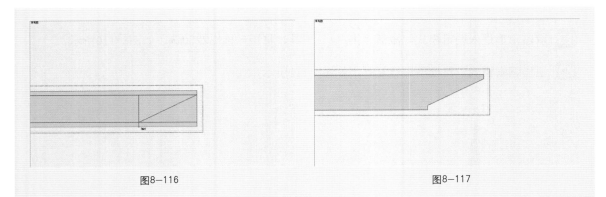

图8-116　　　　　　　　　　　　　　　　　图8-117

25 激活"推/拉"工具，将面推出120mm，退出编辑模式，如图8-118所示。

26 移动到合适位置，在复制到另一侧，如图8-119所示。

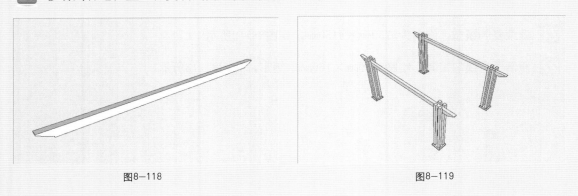

图8-118　　　　　　　　　　　　　　　　　图8-119

27 按照同样的方法制作长4500mm的模型，进行移动复制并调整到合适位置，如图8-120所示。

28 再按照同样的方法制作长6100mm的模型，进行移动复制并调整到合适的位置，完成廊架模型的制作，如图8-121所示。

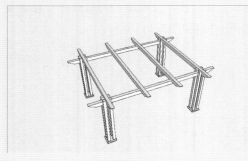
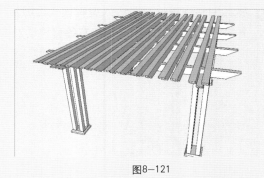

图8-120　　　　　　　　　　　　　　　　　图8-121

29 将模型移动到合适的位置，如图8-122所示。

30 添加休闲桌椅模型到场景中的廊架下，再添加紫藤花以及盆栽花卉，如图8-123所示。

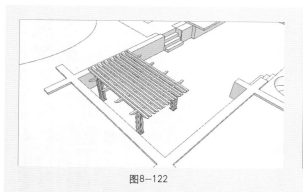

图8-122

图8-123

31 添加桌椅模型和汽车模型到北墙门外及车棚下，如图8-124所示。

32 添加休闲长椅到平台上，再添加灌木植物模型到建筑两侧的绿化带上，如图8-125所示。

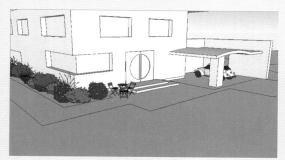

图8-124

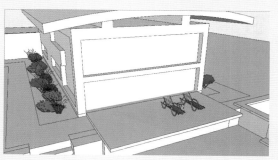

图8-125

33 最后在别墅周围添加植物模型，如图8-126所示。

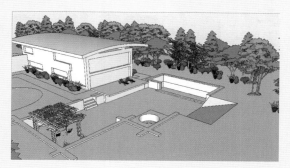

图8-126

8.1.6 添加材质 ▽

　　本场景中室外景观包括湖泊、道路、下沉式休闲区、游泳池等，其造型较为复杂。下面对其制作过程进行详细介绍。

1
2
3
4
5
6
7
8
9

01 在"材料"面板中，选择半透明材质中的灰色半透明材质。鼠标指针会变成油漆桶样式，将材质赋予建筑中的玻璃模型，如图8-127所示。

02 切换到"编辑"选项卡，调整颜色以及透明度，场景效果如图8-128所示。

微课：添加材质

图8-127

图8-128

03 创建外墙石材材质，将材质指定给外墙面，如图8-129所示。

04 创建木质地板材质，隐藏南墙玻璃模型，将材质指定给一层、二层的地面以及楼梯模型，如图8-130所示。

图8-129

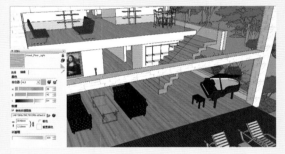
图8-130

05 创建深色木地板材质，将材质指定给室外平台，再隐藏小水池水面，将材质指定给小水池台面，如图8-131所示。

06 创建灰色屋顶材质，将材质指定给屋顶模型，如图8-132所示。

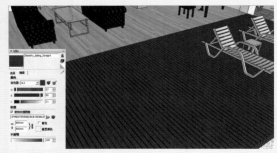
图8-131

图8-132

07 选择人行道铺路石材质，调整颜色以及纹理尺寸，将材质指定给室外部分路面，如图 8-133所示。

08 选择皂荚树植被材质，将材质指定给建筑两侧的面，如图8-134所示。

图8-133

图8-134

09 创建石板材质，将材质指定给场景中的部分墙体以及地面，再隐藏大水池表面，将材质指定给水池边，如图8-135所示。

10 创建石材材质，将材质指定给场景中的地面，如图8-136所示。

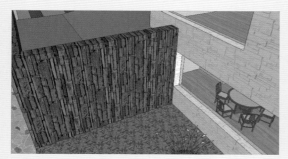

图8-135

图8-136

11 选择原樱桃木质纹材质，将材质指定给廊架模型以及北边的门模型，如图8-137所示。

12 创建水纹材质，取消隐藏水面，将材质指定给对象，完成整个场景的材质制作，如图 8-138所示。

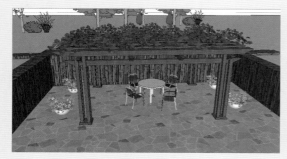

图8-137

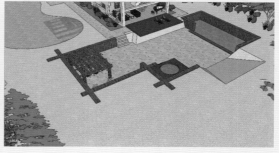

图8-138

13 将场景调整到合适的视角，执行"视图"→"动画"→"添加场景"命令，创建动画场景，并保存该视角，如图8-139所示。

14 复制植物模型，调整到合适位置，更新场景，如图8-140所示。

图8-139 　　　　　　　　　　　　　　　　图8-140

15 执行"窗口"→"样式"命令，打开"风格"面板，切换到水印设置，如图8-141所示。

16 单击"添加水印"按钮，打开"选择水印"对话框，选择合适的背景图片，如图8-142所示。

图8-141 　　　　　　　　　　　　　　　　图8-142

17 单击"打开"按钮，弹出"创建水印"对话框，选择"背景"单选按钮，如图8-143所示。

18 单击"下一步"按钮，调整背景和图像的混合度，如图8-144所示。

图8-143 　　　　　　　　　　　　　　　　图8-144

19 场景效果如图8-145所示。

20 单击"下一步"按钮，选择"在屏幕中定位"单选按钮，调整位置及比例，如图8-146所示。

图8-145

图8-146

21 更新场景，如图8-147所示。

22 执行"窗口"→"默认面板"命令，在默认面板中打开"阴影"设置面板，单击"显示阴影"按钮，为场景开启阴影效果，如图8-148所示。

图8-147

图8-148

23 在"阴影"面板中调整时间、日期及亮度与暗度参数，如图8-149所示。

24 查看场景效果，如图8-150所示。

图8-149

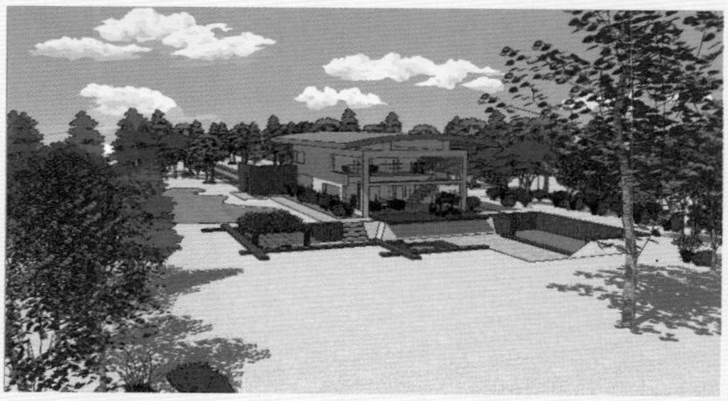

图8-150

8.2 知识与技能梳理

通过本章的学习，用户可以通过SketchUp制作别墅模型，其中包括创建建筑模型、门窗模型、室外模型以及后期场景效果的添加。

▶重要工具：直线和矩形工具、推拉工具、放样工具和偏移工具。

▶实际运用：制作别墅模型。

8.3 课后练习

操作题

制作如图8-151所示的独栋别墅模型。

图8-151

Chapter **9**

景观设计实战

——小区景观规划图制作

　　本章将利用前面所学的知识制作小区景观规划图。通过本章的学习，读者可以掌握制作景观小区规划图的制作方法，为进行整体的建模打下良好的基础。

知识点 　　　学习目标	了解	掌握	应用	重点知识
整理并导入CAD图纸	⚑			
整体模型的制作			⚑	
制作窗户模型	⚑			
制作售楼处建筑模型			⚑	
场景布局的完善		⚑		
场景效果的完善				⚑

学习要求

9.1　制作小区景观规划图

住宅区规划设计在城市规划设计中占有十分重要的地位，它综合建筑设计与景观设计于一体，在规划的同时辅以景观设计，最大限度地体现居住地本身的底蕴。本规划设计中采用的是周边式布局方式，小区四周分散设置了出口，主景观为中心水区，依水达到了良好的景观效果。

9.1.1　导入CAD图纸 ⊙

　　将处理好的CAD文件导入SktchUp中，即可将平面图形立体化，进行更加直观的规划设计。操作步骤如下：

01　启动SketchUp，创建名为"小区规划"的SK格式文件，执行"窗口"→"模型信息"命令，打开"模型信息"对话框，设置场景单位等参数，如图9-1和图9-2所示。

图9-1　　　　　　　　　　　　　　　　　　　　图9-2

02　执行"文件"→"导入"命令，打开"导入"对话框，设置文件类型为AutoCAD文件，智慧职教网站本课程中的"Chapter9\场景文件\小区规划.dwg"文件，如图9-3所示。

03　单击"选项"按钮，打开"导入AutoCAD DWG/DXF选项"对话框，勾选相关复选框，设置比例单位为"毫米"，如图9-4所示。

图9-3　　　　　　　　　　　　　　　　　　　　图9-4

04 设置完成后，将规划图导入，并移动到坐标原点，如图9-5所示。

05 执行"窗口"→"样式"命令，打开"风格"面板，在"编辑"选项卡下的"边线"选项区域中，仅勾选"边线"复选框，如图9-6所示。

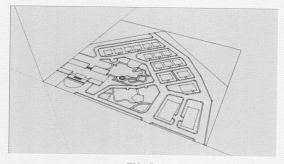

图9-5

图9-6

06 调整后的效果如图9-7所示。

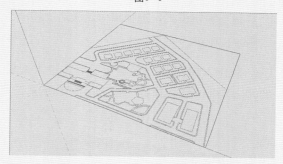

图9-7

9.1.2 制作小区住宅楼

在SketchUp中，建筑模型需要参照标准的CAD规划图纸，利用导入的平面图纸来建立单体建筑，从而根据规划图中的布局创建建筑群。因本案例是要制作大面积的小区规划图，因此在制作建筑模型时，可以省略很多细节部分的制作，以优化建模速度。操作步骤如下：

01 制作单层墙体轮廓，激活"线条"工具，捕捉平面图绘制小区建筑墙体轮廓成组，如图9-8和图9-9所示。

微课：制作
小区住宅楼

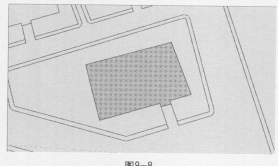

图9-8

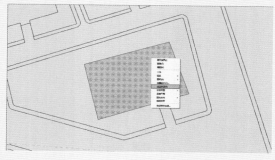

图9-9

1
2
3
4
5
6
7
8
9

02 双击进入编辑模式，激活"偏移"工具，将边线向内偏移240mm，如图9-10所示。

03 激活"推/拉"工具，将模型向上推出3200mm的墙体高度，如图9-11所示。

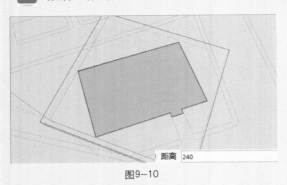

图9-10

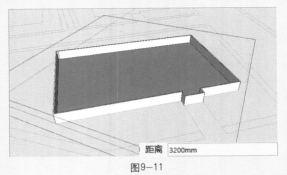

图9-11

04 退出编辑模式，选择墙体，激活"移动"工具，按住Ctrl键向上移动，复制出二楼墙体，如图9-12所示。

05 制作入口门洞，双击一层墙体进入编辑模式，激活"线条"工具，为一层入口分割出2400mm×600mm的门洞轮廓，如图9-13所示。

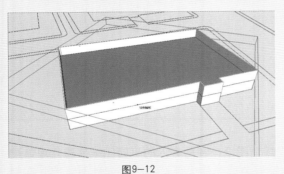

图9-12

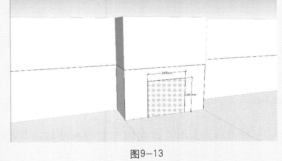

图9-13

06 激活"推/拉"工具，将面向内推出240mm，创建出门洞，如图9-14所示。

07 在墙体左侧选择下方线条，激活"移动"工具，按住Ctrl键向上移动复制，移动距离为1000mm，如图9-15所示。

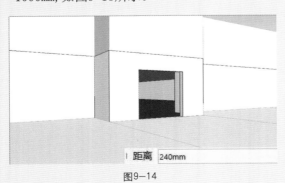

图9-14

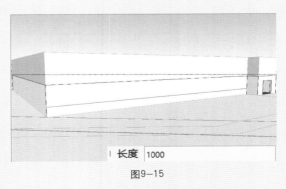

图9-15

08 再次向上复制移动1600mm，如图9-16所示。

09 再将左边线分别向右移动复制，如图9-17所示。

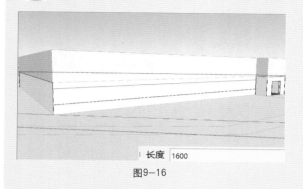

长度 | 1600

图9-16

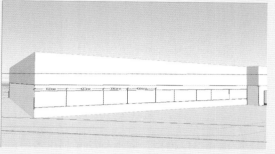

图9-17

10 删除多余线条，如图9-18所示。

11 激活"推/拉"工具，推出窗洞，如图9-19所示。

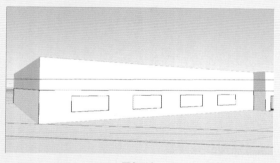

图9-18

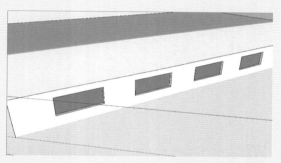

图9-19

12 同样制作右侧墙体及背面墙体的窗洞，隐藏二层模型，如图9-20和图9-21所示。

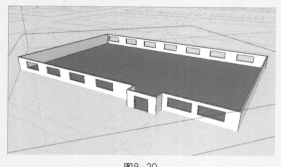

图9-20

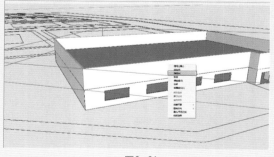

图9-21

13 激活"线条"工具，绘制顶部平面，如图9-22所示。

14 取消隐藏二层模型，按照前面的操作步骤制作二层窗洞，如图9-23所示。

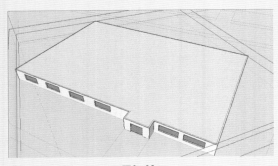

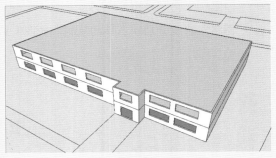

图9-22　　　　　　　　　　　　　　　　　图9-23

15 选择二层模型，向上移动复制出多层，如图9-24所示。

16 激活"线条"工具，捕捉顶面绘制平面并成组，如图9-25所示。

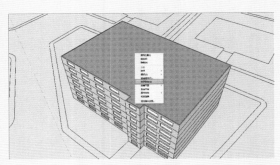

图9-24　　　　　　　　　　　　　　　　　图9-25

17 激活"偏移"工具，将轮廓线向内部偏移240mm，如图9-26所示。

18 激活"推/拉"工具，向上推出1200mm的墙体，如图9-27所示。

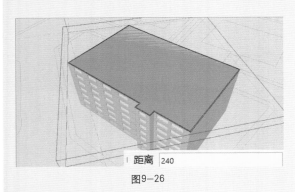

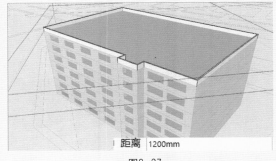

图9-26　　　　　　　　　　　　　　　　　图9-27

19 将视角移动到一层窗洞处，激活"矩形"工具，捕捉窗洞绘制平面并成组，如图9-28所示。

20 双击进入编辑模式，激活"偏移"工具，将边线向内偏移100mm，如图9-29所示。

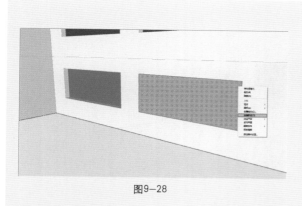

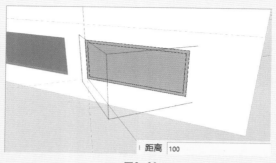

图9-28　　　　　　　　　　　　　　图9-29

21　选择边线，激活"移动"工具，向下进行移动复制，右击边线，在弹出的快捷菜单中选择"拆分"命令，如图9-30所示。

22　在边线上移动鼠标，将边线拆分为4份，如图9-31所示。

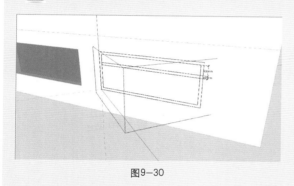

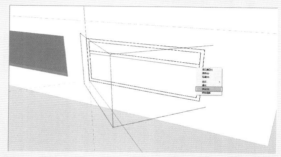

图9-30　　　　　　　　　　　　　　图9-31

23　单击鼠标确认，激活"线条"工具，捕捉分割点绘制直线，如图9-32所示

24　激活"偏移"工具，偏移出窗扇宽度60m，如图9-33所示。

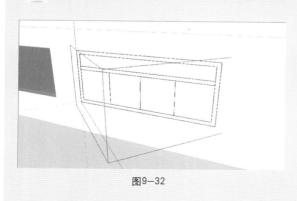

图9-32　　　　　　　　　　　　　　图9-33

25　激活"推/拉"工具，分别推出窗户厚度，使其形成一前一后的落差，如图9-34和图9-35所示。

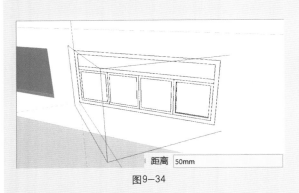

图9-34

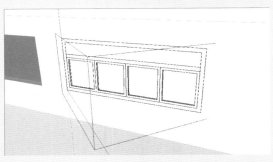

图9-35

26 用上述方法制作其他窗洞的窗户，如图9-36所示。

27 向上复制窗户模型，效果如图9-37所示。

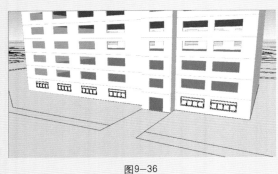

图9-36

图9-37

28 移动视角至建筑底部，激活"线条"工具，捕捉墙体绘制平面，如图9-38所示。

29 双击进入编辑模式，激活"推/拉"工具，将平面向上推出 300mm，如图9-39所示。

图9-38

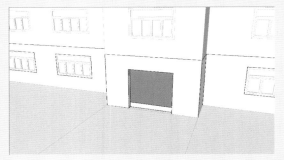

图9-39

30 选择整个建筑模型，将其成组，效果如图9-40所示。

31 选择创建好的建筑，激活"移动"工具，按住Ctrl键进行移动复制，如图9-41所示。

图9-40

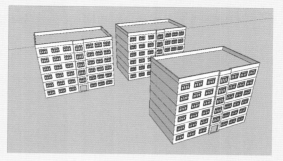

图9-41

32 再按照前面的操作方法，创建出后面的住宅区建筑，如图9-42所示。

33 再对创建好的建筑模型进行复制并适当调整楼层数，如图9-43所示。

图9-42

图9-43

34 创建剩余的住宅建筑及活动中心建筑，如图9-44所示。

图9-44

9.1.3 制作售楼处模型 ▽

售楼处模型相较于住宅楼要复杂一些，最主要的是入口处的旋转门的制作，具体操作步骤如下：

1
2
3
4
5
6
7
8
9

01 使用"线条"工具绘制售楼处一层墙体轮廓并成组，如图9-45所示。

02 激活"偏移"工具绘制售楼处一层墙体，向内偏移240mm，如图9-46所示。

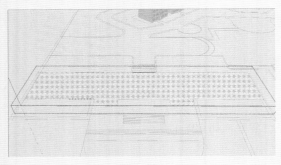

图9-45

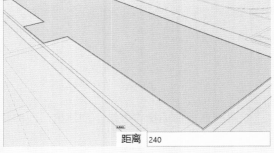

图9-46

03 激活"推/拉"工具，推拉出售楼处建筑一层墙体，如图9-47所示。

04 为一层墙体创建窗洞及门洞，如图9-48所示

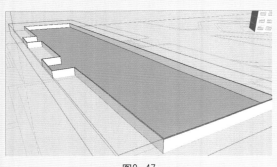

图9-47

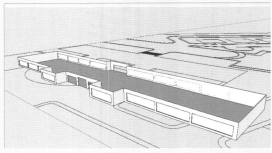

图9-48

05 执行"文件"→"导入"命令，导入成品旋转门模型及玻璃门模型，复制模型并调整到合适位置，如图9-49所示。

06 激活"线条"工具，为一层模型封顶，如图9-50所示。

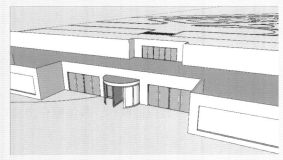

图9-49

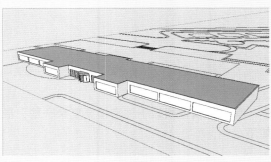

图9-50

07 选择一层模型，激活"移动"工具，按住Ctrl键向上移动复制，如图9-51所示。

08 双击二层模型进入编辑模式，将门洞修改为窗洞，如图9-52所示。

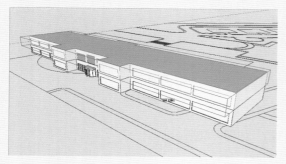

图9-51

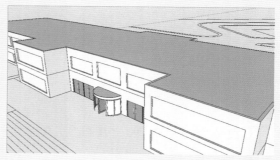

图9-52

09 选择二楼模型，向上移动复制，并将模型成组。至此，场景中的建筑模型已经创建完毕，取消隐藏其他模型，如图9-53所示。

图9-53

9.1.4 完善场景布局 ▽

　　本场景中的模型已经创建完毕，接着来制作地面上的道路及草坪等造型，使场景更加真实。由于场景较大，运行很慢，在制作地面场景时首先将场景中的建筑隐藏，仅留下平面布局图。操作步骤如下：

01 激活"线条"工具，捕捉平面图，绘制平面轮廓，这里先勾画出道路、草坪及建筑的底面轮廓，如图9-54所示。

02 激活"推/拉"工具，将地面平面向下推出200mm，如图9-55所示。

微课：完善
场景布局

1
2
3
4
5
6
7
8
9

图9-54

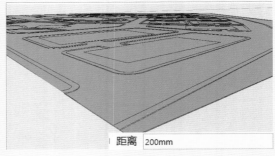

图9-55

03 使用"线条"工具、"圆弧"工具绘制出路挡，如图9-56所示。

04 激活"推/拉"工具，推出路挡的高度，如图9-57所示。

图9-56

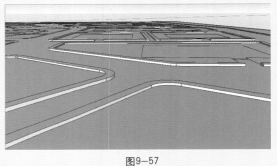

图9-57

05 使用"线条"工具、"圆弧"工具绘制出草坪中的小路轮廓，如图9-58所示。

06 激活"推/拉"工具，将小路平面向下推出100mm，如图9-59所示。

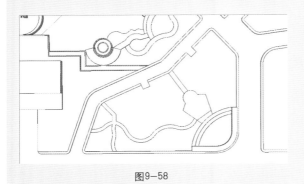

图9-58

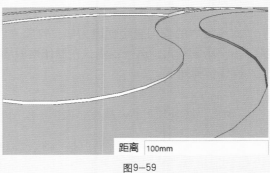

图9-59

07 勾画出住宅前方娱乐休闲区的平面轮廓，如图9-60所示。

08 激活"推/拉"工具，分别推出地面高度，如图9-61所示。

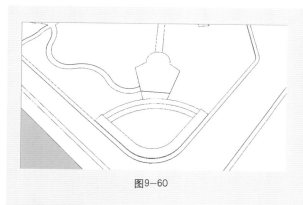

图9-60

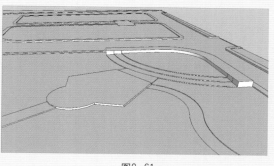

图9-61

09 使用"线条"工具、"圆弧"工具绘制出水景区轮廓，如图9-62所示。

10 激活"推/拉"工具，推出水景深度，如图9-63所示。

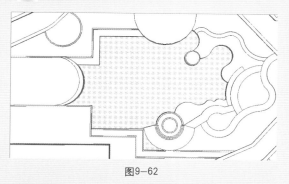

图9-62

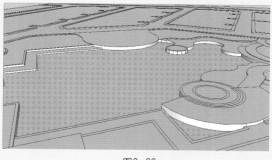

图9-63

11 分别绘制水景区岸边的地面造型，如图9-64所示。

12 将视角移动到售楼大厅处，制作出地面阶梯等模型，如图9-65所示。

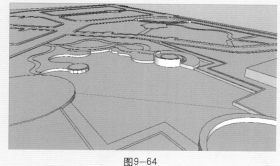

图9-64

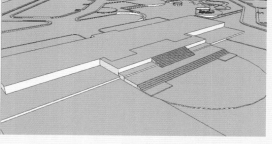

图9-65

9.1.5 添加其他模型 ⊙

本场景中的模型已经创建完毕，接着来制作地面上的道路及草坪等造型，使场景更加真实。由于场景较大，运行很慢，在制作地面场景时首先将场景中的建筑隐藏，仅留下平面布局图。操作步骤如下：

01 激活"线条"工具，勾画出石板踏步轮廓并成组，如图9-66所示。

02 双击进入编辑模式，激活"推/拉"工具，推出石板厚度，如图9-67所示。

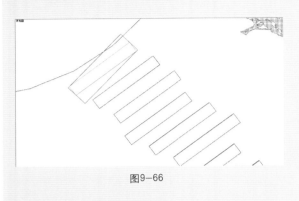

图9-66

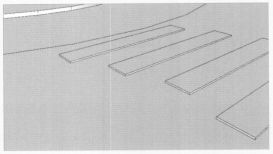

图9-67

03 选择模型，激活"移动"工具，按住Ctrl键，捕捉平面图进行移动复制，如图9-68所示。

04 用上述方法制作其他位置的石板踏步，如图9-69所示。

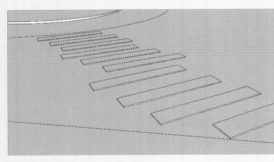

图9-68

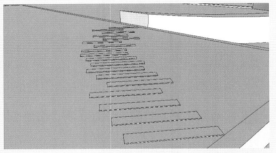

图9-69

05 使用"矩形"工具与"推/拉"工具制作出栏杆组件并成组，如图9-70所示。

06 选择该组件，进行复制并成组，效果如图9-71所示。

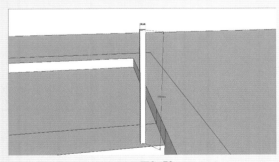

图9-70

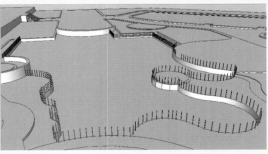

图9-71

07 双击进入编辑模式，激活"线条"工具，沿栏杆绘制一条轮廓线，如图9-72所示。

08 激活"线条"工具，绘制一个矩形框作为栏杆截面，如图9-73所示。

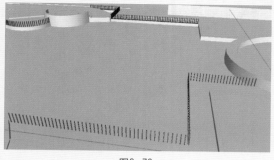

图9-72

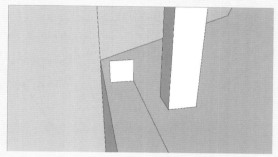

图9-73

09 选择轮廓线，激活"放样"工具，在截面上单击，即可创建出栏杆扶手造型，调整位置，如图9-74所示。

10 用上述方法制作出其他位置的栏杆扶手，完成栏杆的制作，如图9-75所示。

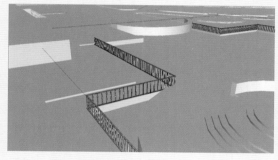

图9-74

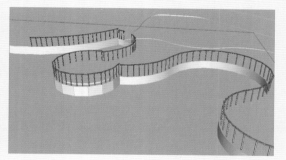

图9-75

11 执行"文件"→"导入"命令，导入路灯模型，如图9-76所示。

12 为整体场景复制路灯，并调整间距，如图9-77所示。

图9-76

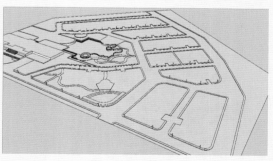

图9-77

13 导入多种植物模型并进行复制，如图9-78所示。

14 为主要视角位置导入汽车模型，效果如图9-79所示。

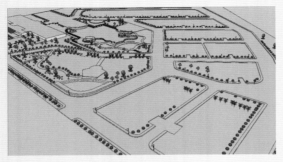

图9-78

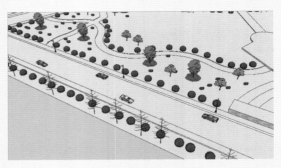

图9-79

15 导入其他模型，取消隐藏建筑物，并调整位置及高度，如图9-80所示。

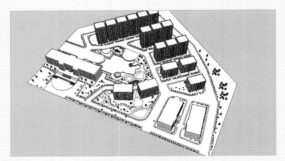

图9-80

9.1.6 完善场景效果 ▼

场景模型制作完毕，就需要对场景进行效果完善，为其添加贴图及阴影等效果，使场景更加真实生动。操作步骤如下：

01 制作植被材质，并将材质赋予场景中的草坪对象，如图9-81所示。

02 制作路面材质，并将材质赋予场景中的路面对象，如图9-82所示。

微课：完善
场景效果

图9-81

图9-82

03 制作地砖材质，并将材质赋予场景中的广场、路挡等室外地面，如图9-83所示。

04 将视角移动到水景区，双击地面进入编辑模式，选择水池底部平面，向上移动复制，作为水面，如图9-84所示。

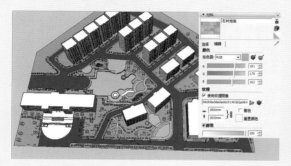
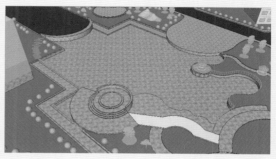

图9-83 图9-84

05 制作水材质，并将材质赋予场景中的水面，如图9-85所示。

06 制作木质材质，并将材质赋予场景中的木栈道、栏杆等，如图9-86所示。

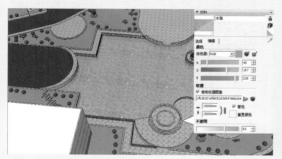

图9-85 图9-86

07 再创建墙面和玻璃材质，为场景中的建筑物及窗户等赋予材质，如图9-87所示。

08 按Ctrl+A组合键，全选场景中的模型，激活"旋转"工具，将整体模型进行旋转，如图9-87和图9-88所示。

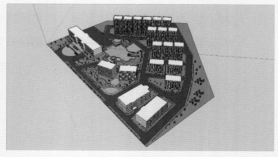

图9-87 图9-88

1
2
3
4
5
6
7
8
9

09 执行“窗口”→“默认面板”命令，在默认面板中打开“阴影”设置面板，开启阴影显示，如图9-89和图9-90所示。

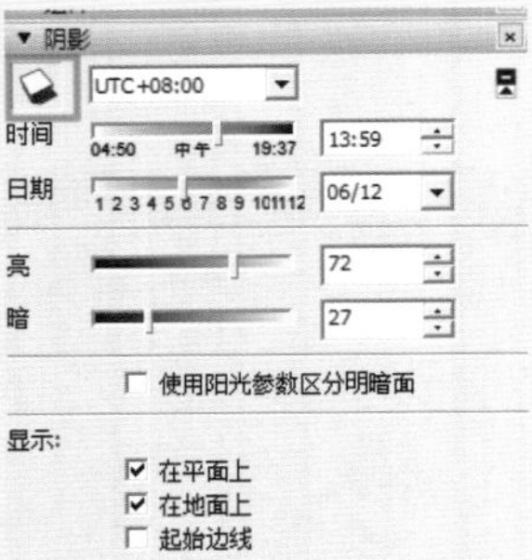

图9-89

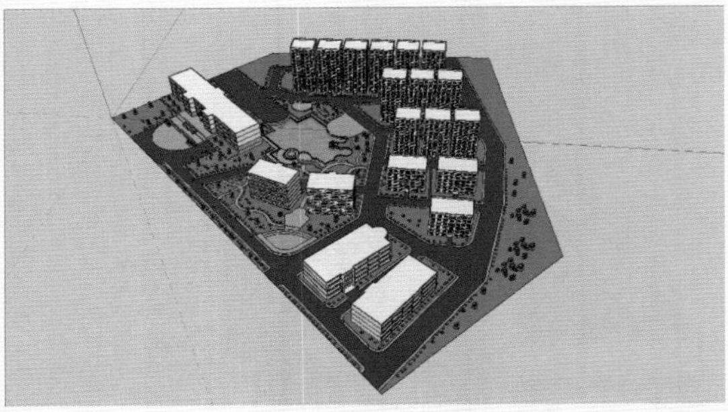

图9-90

10 拖动滑块调整时间、日期及阴影的亮度与暗度显示如图9-91所示。至此，本案例的制作已完成，效果如图9-92所示。

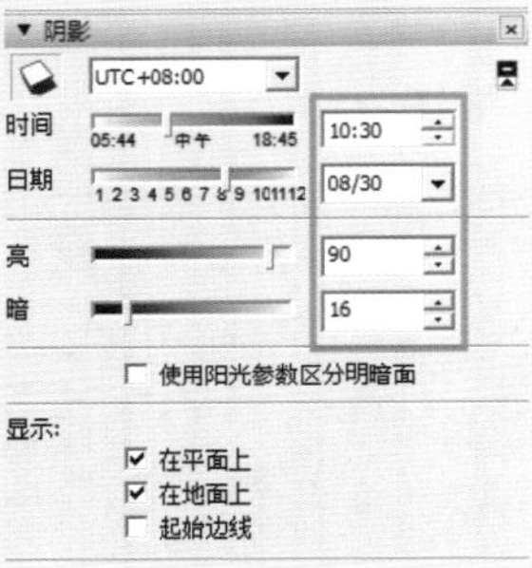

图9-91

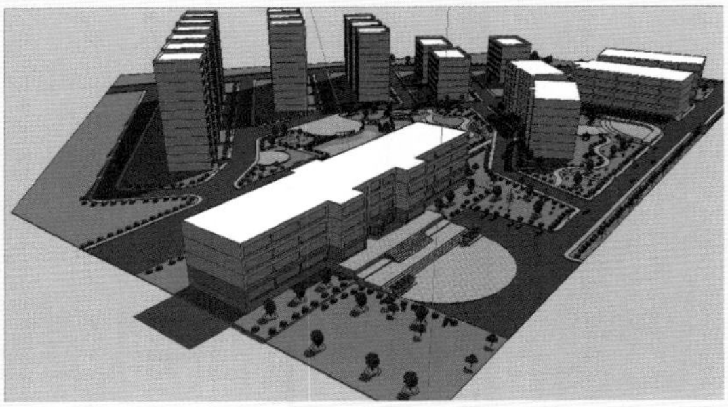

图9-92

9.2 知识与技能梳理

通过本实例的制作，读者已经对SketchUp的功能有了一定的掌握，如果能够举一反三，而不局限于景观小区规划方面，则能创造出更加精致的作品来。

- 重要工具：线条工具、弧形工具、推/拉工具和放样工具和群组工具。
- 核心技术：建筑的移动复制、栏杆的路径跟随制作、材质的赋予。
- 实际运用：住宅建筑群的制作、路面景观的制作、材质的赋予。

9.3　课后练习

操作题

制作如图9-93所示的景观模型。

图9-93

系列教材后记——得鱼忘筌

有一个成语，叫得鱼忘筌。筌是古代的一种竹制捕鱼器，形态像个小篓子，里面装有倒刺，鱼钻入就很难脱身。得鱼忘筌的意思就是捕到了鱼，忘掉了筌，比喻事情成功以后就忘了本来依靠的东西。

时至今日，我们已经很难想象如何用当年那么原始的工具去捕鱼了。因为现在在渔具店里，一套高级的钓鱼用具可能要花上好几千元，用的全是最新的高科技材料。总而言之，鱼还是几千年前那种鱼，但工具已经发生了翻天覆地的变化。

艺术设计发展到现在，也有异曲同工的境界。计算机、互联网，以及各种硬件设备和软件工具的快速发展，已经彻底改变了人们的生活方式，也让数字设计成为主流方向。为了追求更高更美的设计，软件工具的发展甚至引导了艺术设计的走向。不过，设计者所追求的终极目标从未有过变化——始终在追求大真大善大美。

在引导学生进入艺术设计领域时，学习新的软件工具就成了他们掌握设计知识和技术的敲门砖。无奈信息时代知识的更新奇快，工具的迭替飞速，软件版本的升级更是层出不穷，更有甚者，企业运营不良导致使用多年的工具被吞并消亡。在数量、版本众多的工具面前，学生无从选择。所以，我们不得不仔细想想应该提供什么样的教材给学生，不至于让他们只学会了工具，而没有领会到设计本身的精髓。

授人以鱼还是授人以渔是一个不用争辩的命题。所以，方法永远是我们所倡导的，这也是这套教材的立意，只要掌握了好的方法，就不用担心工具的替换，也不用追求软件的升级。希望我们和高等教育出版社携手打造的这套教材可以引领学生在学习软件工具的同时，深入掌握设计的方法及表现要领。

艺术设计没有那么多约束和规则，完全是心意的体现，设计无边界更不可能有工具的束缚。在当前的发展状况下，工具可以也必定会被使用，但一味地依靠工具，只能适得其反。我们的目的是鱼，而不是工具，如果执着于工具，便会求鱼于筌终不可得矣。

所以，于艺术设计而言，"得鱼忘筌"其实是一种至高的境界啊！

系列教材主编　李　涛
于北京